T0255320

Dimensionshomogenität

Jochem Unger • Stephan Leyer

Dimensionshomogenität

Erkenntnis ohne Wissen?

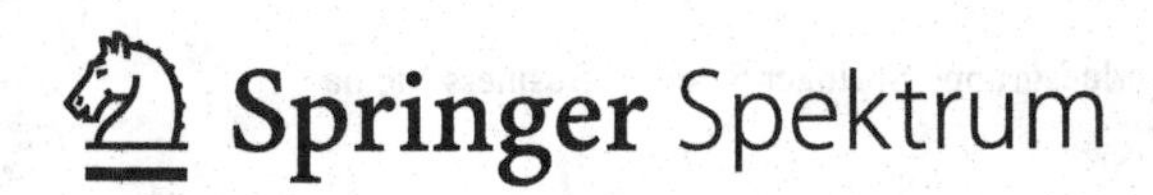

Jochem Unger
Darmstadt, Deutschland

Stephan Leyer
Universität Luxemburg
Luxembourg

ISBN 978-3-658-05411-3 ISBN 978-3-658-05412-0 (eBook)
DOI 10.1007/978-3-658-05412-0

Die Deutsche Nationalbibliothek verzeichnet diese Publikation in der Deutschen Nationalbibliografie; detaillierte bibliografische Daten sind im Internet über http://dnb.d-nb.de abrufbar.

Springer Spektrum

Gedruckt auf säurefreiem und chlorfrei gebleichtem Papier

Springer Fachmedien Wiesbaden ist Teil der Fachverlagsgruppe Springer Science+Business Media
(www.springer.com)

Vorwort

Die Grundlagen der Ingenieure müssen mit denen der Physiker übereinstimmen. Wenn es Unterschiede zwischen diesen Bereichen gibt, sind diese allein eine Folge der unterschiedlichen Herkunft der Probleme. Unberührt davon sollten die angewandten Methoden, Denk- und Arbeitsweisen in beiden Bereichen stets naturwissenschaftlich geprägt sein.

Diese Einheitlichkeit der Methoden ist insbesondere in der heutigen Ausbildung der Ingenieure immer weniger zu finden. Ursache ist die immer umfangreichere Vermittlung von technischem Detailwissen, die grundlegende Vorgehensweisen schon aus Zeitgründen in den Hintergrund verschiebt.

Das Umtaufen des Ingenieurwesens in Ingenieurwissenschaft lässt ahnen, dass die Ingenieure bewusst oder unbewusst zumindest fühlen, dass sie vielen neuen Anforderungen allein mit Faktenwissen nicht gewachsen sind.

Wir selbst und viele unserer Kollegen mussten immer wieder erleben, dass eine sinnvolle Zusammenarbeit zwischen dem Ingenieurwesen und der Physik nicht wirklich gewollt wird. Diese nicht nachvollziehbare narzisstische Angst vor Offenbarung fehlender oder nicht verstandener Kenntnisse scheint dies zu verhindern. In diesem Dilemma präferieren vor allem Manager im Ingenieurbereich immer mehr den Einsatz von Computern. Wir leben in einer Zeit der fleißigen Computerrechner und der umso fauleren Denker.

Die hier geäußerten kritischen Anmerkungen sollen aber nicht abschreckend wirken, sondern zu einem gemeinsamen Weg motivieren, der von unseren Urvätern (Galilei, Newton) erfolgreich eingeleitet wurde, den es konsequent fortzusetzen gilt.

Es muss die Kompetenz erhalten bleiben, um Computerergebnisse und deren Sinnhaftigkeit überhaupt beurteilen zu können.

Um den Weg der Urväter fortsetzen zu können, muss man auch kein übertriebener Mathematikfreak werden. Hier geht es um geschickte Denkweisen und deren Handhabung ohne verkünstelte Mathematik. Etwa Methoden wie die altbekannten Reihenentwicklungen nach Taylor oder Laurent sind zu nutzen, die für alle Probleme mit hinreichender Stetigkeit angewendet werden können, die viel zu wenig Beachtung finden und auch von den heutigen Mathematiklehrern für technologische Anwendungen nicht verständlich genug mitgeteilt werden.

Etwa diese Reihenentwicklungen und andere Möglichkeiten, die schon von unseren Urvätern genutzt wurden, die aber im Zeitalter des oft undifferenzierten Einsatzes von Computern nicht mehr präsent sind, gehen mit der überbordenden Vermehrung des Faktenwissens verloren. Die Neugierde für einfache Sachverhalte, die Fähigkeit zur Wissensbeschaffung, die zudem zeit- und kostenoptimal gestaltet werden kann, muss neu belebt werden. Dies ist das Hauptziel des vorliegenden Buches.

Wenn der Mensch seine Umgebung in Augenschein nimmt (Blick in seine Umgebung bis zum Horizont), sieht er die ihn umgebende Tangentialebene. Dies hat historisch zur Scheibenvorstellung der Erde geführt, die auch heute noch zumindest literarisch in manchen Köpfen spukt. Diese Tangentialebene wird mit der ersten Ableitung der Taylorentwicklung beschrieben.

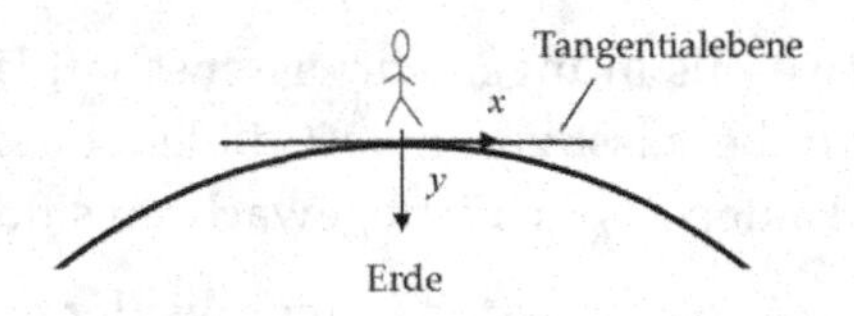

Taylor: $y = y(0) + y'(0)\,x + (1/2)\,y''(0)\,x^2 + \ldots$

mit $y(0) = 0,\ \ y'(0) = 0 \ \rightarrow\ y(x) = 0$: Tangentialebene

Am Meer kann dann eine weiterführende Beobachtung gemacht werden. Von einem Schiff, das jenseits des Horizonts in Richtung des Beobachters fährt, werden zuerst dessen Maste und Segel sichtbar, bevor auch das Schiff insgesamt gesehen werden kann. Hieraus erkennen wir die Krümmung der Erdoberfläche, die auch durch den Blick in die Vertikalebene (Mond, Sonne,...) mit sichtbaren konvexen Strukturen, (Mond- und Sonnenfinsternis,...) in Einklang steht, der von der historischen Scheibenvorstellung in die heutige Realität geführt hat.

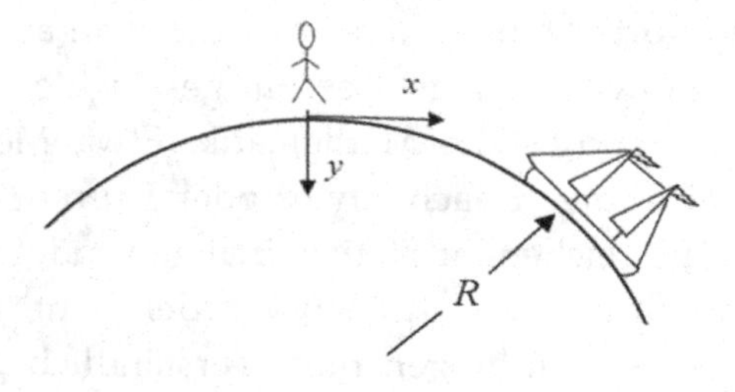

Taylor: $y = y(0) + y'(0)x + (1/2)\,y''(0)\,x^2 + \ldots$

mit $y(0) = 0,\ \ y'(0) = 0,\ y''(0) = \frac{1}{R} \ \rightarrow\ y(x) = \frac{1}{R}\frac{x^2}{2}$: Krümmung der Erde

Mit der Abweichung von der Tangentialebene, die mit der zweiten Ableitung der Taylorentwicklung beschrieben wird, können wir uns auch verborgene Dinge unterhalb des Horizonts vorstellen und erklären.

Diese anschaulichen Beobachtungen aus unserer Umwelt lassen sich mathematisch mit Reihenentwicklungen fassen, die sich methodisch angewandt für einfache von allem Ballast befreite Zusammenhänge zur Beschreibung technologischer Probleme nutzen lassen.

Diese Reihenentwicklungen sind ein Grundelement, das im Rahmen des vorliegenden Buches genutzt wird, das immer anwendbar ist, wenn die gesuchten kausalen Verknüpfungen zwischen Ursache und Wirkung stetig sind.

Arbeiten mit Wissen (Faktenwissen) ist etwas anderes als das Beschaffen von Wissen. Der Untertitel des Buches "Erkenntnis ohne Wissen" bezieht sich auf die Fähigkeit von der Beschaffung von Wissen, ohne dass dazu Faktenwissen benötigt wird. Nicht zu verschweigen ist hier die Existenz und die notwendige Nutzung des SI-Einheiten-Systems, um dessen Erstellung in der ganzen Welt mehr als zwei Jahrhunderte gerungen wurde. Die zur Erläuterung ausgewählten Beispiele decken den gesamten technologischen Bereich ab, der mit den sieben Dimensionen L, M, T, Θ, N, I, J des Internationalen Einheitensystems mit den zugehörigen Grundeinheiten *m, kg, s, K, mol, A, cd* beschreibbar ist. Gesucht ist jeweils die Präsentanz, die in möglichst einfacher Form den jeweiligen kausalen Zusammenhang zwischen der Zielgröße und den Einflussgrößen eines speziellen Problems beschreibt.

Angefangen mit der griechischen Philosophie bis hin zur modernen Physik wurde stets das Ziel verfolgt, die scheinbar unendliche Mannigfaltigkeit des Naturgeschehens auf wenige einfache Grundprinzipien und Zusammenhänge zurückzuführen. Die Wissenschaft im hier praktizierten Sinn einer Verknüpfung von Idee und Experiment begann erst mit Galilei (1564-1642), der somit als der Urvater des Ganzen in diesem Buch gesehen werden kann.

Unsere Welt besteht nur aus wenigen Grundbausteinen, mit denen sich alle Strukturen zusammensetzen lassen. Die Welt ist damit vergleichbar mit einem Legobaukasten. Die Anzahl der Grundelemente, die sich auch in der Anzahl der zum Messen verwendeten Grundgrößen widerspiegelt, ist sieben. Nur diese natürliche Beschränkung versetzt uns in die Lage, mit Hilfe weniger elementarer Grundkenntnisse zumindest die naturgesetzlichen Probleme in unserer Welt sicher lösen zu können. Die Vielzahl der aus diesen Grundelementen herstellbaren Strukturen ist dennoch mannigfaltig. Unverzichtbar dabei ist aber die Kreativität der Gestalter. Nur mit einer solchen im evolutionären Sinn vorhandenen Kreativität, die uns die Schöpfung mit auf den Weg gegeben hat, lassen sich immer wieder facettenartig neue Strukturen aus altbewährten Bausteinen erschaffen. Die Erschaffung folgt damit logischen Regeln und ist kein Zufallsprodukt. Das Konstruieren und Erschaffen ist somit reproduzierbar. Dies ist die alte Forderung und auch schlechthin die Definition der Naturwissenschaften. Es sind nur reproduzierbare Zusammenhänge zugelassen, die sich zu beliebigen Zeiten und an allen Orten wiederholen. Nur so ist die Einheitlichkeit der Methoden und Denkweisen zu wahren. Einmalige Erscheinungen gehören dagegen in die Welt der Geister und nicht in den Bereich der Naturwissenschaften. Bleibt anzumerken, dass alle noch nicht verstandenen Dinge, die noch nicht messbar und damit auch nicht reproduzierbar sind, dennoch nicht unwahr sein müssen [17].

Das grundlegende Werkzeug zur Wissensbeschaffung ohne Wissen ist das Π-Theorem, das auf der Dimensionshomogenität beruht. Erste Anwendungen der Idee der Dimensionshomogenität wurde unter dem Terminus Dimensionsanalyse bekannt, die insbesondere in der Strömungsmechanik betrieben wurde. Es war die Anfangszeit des Fliegens. Mit Hilfe der Potentialtheorie konnte man die Auftriebskräfte von Tragflügeln abschätzen, nicht aber deren Widerstand. Dies gelang erst viel später mit der Grenzschichtidee von Prandtl.

Darauf konnte die sich rasch entwickelnde Flugtechnik nicht warten. Es wurden deshalb Windkanäle aufgebaut. Diese Messungen im Windkanal an kleinen Modellen mussten dann aber auf das Original übertragen werden. Das Werkzeug war hier die Dimensionsanalyse in Form der Ähnlichkeitslehre, die Modellregeln zum Übertragen der Modellmessungen auf die Großausführung lieferte.

Ziel der Dimensionsanalyse war stets die Beschreibung des Zusammenspiels technologischer Größen, ohne vorab eine exakte Gesetzmäßigkeit zu kennen. Das Verfahren bedient sich einer mit den Dimensionen der beteiligten Größen verknüpften angewandten Mathematik, der praktischen Beobachtungsgabe, der Durchführung und Auswertung von Versuchen und setzt ein kreativ-intuitives naturwissenschaftliches Verständnis voraus.

Genau diese genannten Details sind die Ursache für die nicht leicht zu vermittelnden Fähigkeiten zur Durchführung eines solchen Verfahrens. Ein nicht mit dieser Vorgehensweise Vertrauter erlebt, dass bei jedem neuen Problem scheinbar immer neue Tricks angewendet werden müssen. Aus diesem Grund wird im vorliegenden Buch bei allen Beispielen aus den unterschiedlichsten Fachdisziplinen immer ganz bewusst auf eine gleichartige Handhabung und die Nutzung allein der SI-Einheiten geachtet, um diesem scheinbaren Dilemma pädagogisch gerecht werden zu können.

Es ist unglaublich, wie viele Fehler beim Anschreiben eines Zusammenhangs mit dimensionsbehafteten Größen und damit im Umgang mit Einheiten gemacht werden.

Hierzu eine Anekdote aus der Blütezeit der modernen Strömungsmechanik in Göttingen, die mit Prandtl (1875-1953) und seinem damaligen Mitarbeiter Görtler (1909-1987) verknüpft ist. Görtler kam zu Prandtl, um den Durchbruch seiner Arbeit mit dem Ergebnis einer neuen Formel zu zeigen. Prandtl warf einen kurzen Blick auf die Formel und sagte: Das ist nochmal zu überarbeiten, das kann nicht richtig sein. Ursache der Reaktion war eine der Dimensionshomogenität widersprechende Formel. Solche Situationen sind auch heute noch Alltag, mit denen man Studenten geradezu verblüffen kann. Die Gültigkeit einer Aussage in dimensionsbehafteten Größen ist durch eine Dimensionsbetrachtung leicht überprüfbar. Sind die Terme in einem beliebigen Zusammenhang von unterschiedlicher Dimension, ist sie trivialerweise falsch.

Die längerfristige Folge in Göttingen war, dass Görtler sich der Dimensionshomogenität intensiver näherte und schließlich 1975 sein Buch Dimensionsanalyse [1] veröffentlichte, in dem der damalige Wissensstand vereint und beweistechnisch dargestellt ist. Die mit Hilfe der Linearen Algebra geführten Beweise zur Existenz des Π-Theorems können dort nachgelesen und müssen hier nicht wiederholt werden.

Die alleinige Nutzung des Π-Theorems ist aber bei der Anwendung auf wirklichkeitsnahe komplexe technologische Probleme zu schwach, um für den Ingenieur wirklich hilfreich sein zu können. Es gibt nicht nur P1-Probleme, für deren Strukturierung und Präsentanz das Π-Theorem ausreichend ist. Industriell liegen PN-Probleme vor, für deren Lösung und Präsentanz zusätzliche Informationen zum Einsatz gebracht werden müssen. Es müssen die allein mit dem Π-Theorem erreichten Aussagen durch konsequentes Ausschöpfen mit Hilfe a priori bekannter Details einschließlich trivialster Informationen, die für jedes spezielle technologische Problem prinzipiell vorliegen, so verschärft werden, dass diese auch industriell nutzbar sind. Das Erreichen dieser industriellen Nutzbarkeit ist das Hauptziel des vorliegenden Buches. Die Bereitstellung und die konsequente Nutzung aller speziellen Informationen ist die Sache des Ingenieurs, der sich mit einem ganz speziellen Problem beschäftigt. Nur dieser kann im Einzelfall die notwendigen Detailinformationen zusammentragen und zum Einsatz bringen. Hier ist das ganze Arsenal des Ingenieurs (Arbeitspunkt, Lösungsäste, Grenzfälle, Asymptoten, Schlankheit, Linearität, Symmetrien, Rand- und Anfangswerte, problemspezifische Besonderheiten) gefordert.

Die Kreativität des heutigen Menschen ist infolge der allgegenwärtigen Verfügbarkeit der Computer im Allgemeinen rückläufig. Wir bauen schon lange keine wirklich neuen Flugzeuge, Raketen und Autos. Wir können lediglich in kürzester Zeit diese Geräte in einer atemberaubenden Menge und Detailhaftigkeit erzeugen. Diese Situation ist natürlich nicht den Computern anzulasten, sondern den Menschen, die diese bedienen.

Wie schon zuvor angemerkt, muss die Kompetenz erhalten bleiben, um Computerergebnisse und deren Sinnhaftigkeit überhaupt beurteilen zu können. Deshalb kann auf kreative Menschen gerade in einer Welt, in der das produzierende Gewerbe schon heute computerdominiert ist, nicht verzichtet werden.

Die Einheitlichkeit der Methoden und Denkweisen muss in der Hand kreativer Menschen bleiben. Deshalb sollten Arbeitsweisen wie die Π-Theorem Methodik weiter verfolgt und intensiv fortentwickelt werden. Insbesondere die für die industrielle Nutzung erforderliche Verschärfung und Ausschöpfung werden im vorliegenden Buch ausführlich dargestellt. Eine umfangreiche Aufgabensammlung einschließlich der Lösungen am Ende des Buches steht dem Leser zum Erlernen der erforderlichen Handhabungen zur Verfügung.

Neben den Grundproblemen der Π-Theorem Methodik (Vollständigkeit des Datensatzes, Messergebnisse als Wolke oder Struktur, reguläre oder singuläre Matrix) und der bereits besprochenen Steigerung der Effizienz durch Ausschöpfung wird auch auf die Vermehrung der Π-Kennzahlen bei Problemen mit variablen Stoffkonstanten eingegangen und auf weitere facettenreiche Anwendungsmöglichkeiten hingewiesen. Insbesondere mit der additiven Verknüpfung von Grenzfällen (Einbettung) können mit der Π-Theorem Methodik auch komplexere Zusammenhänge wie etwa die Bernoullische Gleichung ohne Detailwissen beschafft werden. Neben der Ähnlichkeitslehre zur Übertragung von Modellmessungen auf die Großausführung, die früher meist allein Inhalt der Dimensionsanalyse war, kommt die Π-Theorem Methodik heute im gesamten naturwissenschaftlichen Bereich zur Anwendung. Das Spektrum der überwiegend technisch orientierten Beispiele wurde deshalb durch die Hinzunahme von Beispielen aus dem biologischen Bereich (Allometrie) und Erweiterungen zur Beschreibung etwa des Laufens eines Menschen vervollständigt.

Die heute auf Gewinnmaximierung ausgerichtete Welt fördert das Spezialistentum. Das Faktenwissen der Menschheit vermehrt sich geradezu explosionsartig und das technologische Detail veraltet in einem nie zuvor dagewesenen Tempo. Der Nur-Spezialist wird in dieser Welt zum Gefangenen seines Faktenwissens. Sein Leben wird von einem einzigen Datensatz beherrscht, der extrem eingeschränkt ist. Der Nur-Spezialist lebt im Sättigungszustand und wird systembedingt zum Fachidioten. Bis ein Student sein Faktenwissen gelernt hat, kann das Gelernte schon wieder veraltet und unbrauchbar geworden sein. Die längerfristige Zukunft erfordert den kreativ-intuitiven Menschen, der sowohl Generalist als auch zugleich extremer Spezialist sein muss, der letztlich auch als Adressat des vorliegenden Buches gedacht ist.

In diesem Zusammenhang können unterschiedliche Fachgebiete auch als Teile von Reihenentwicklungen gesehen werden. Reihenentwicklungen können aber auch zur Beurteilung von historisch gewachsenen Strukturen und deren Arbeitspunkte genutzt werden, die eng mit den Kosten und dem Zeitaufwand bei der Produktion verknüpft sind, die auch Impulse zur Rationalisierung liefern können. Man stelle sich eine Maschine vor, die zu einem Anfangszeitpunkt entwickelt und im Laufe der Zeit immer wieder an neue Herausforderungen angepasst wurde. Mathematisch bedeutet dies, dass das jeweils aktuelle System mit immer mehr Gliedern einer Reihenentwicklung belastet ist. Einer konkurrierende Maschine gleicher Funktion, die neu entwickelt auf den Markt gebracht wird, hängen nicht all diese Glieder aus der Vergangenheit an, die konkret mit vielen unnützen Teilen bei der Fertigung verknüpft sind, die sich im Laufe der Zeit kumuliert haben.

Auch die übergeordnete ökonomische Effizienz im monetär-technologischen Wechselspiel innerhalb eines Unternehmens ist Gegenstand des Buches. Es werden die Konflikte infolge des Informationsverlusts bei der Abbildung technologischer Größen auf die nur unzureichend repräsentative Vergleichsgröße Geld aufgezeigt, die als elementare Ursache für Fehlentwicklungen in Unternehmen zu deuten ist.

Das Buch schließt mit einem Kapitel über die Naturkonstanten, die mit den Dimensionen des SI-Systems korreliert sind. Mit den Naturkonstanten, die ebenso wie die Π-Kennzahlen Produkte bzw. Quotienten physikalischer Größen sind, wird die Universalität des Gesamtkomplexes Dimensionshomogenität sichtbar. Insbesondere die Tatsache der Nichtwidersprüchlichkeit dieser Naturkonstanten zeigt uns im Rückblick, dass das ganze Gebäude der Dimensionshomogenität in sich widerspruchsfrei geschlossen ist.

Bei der Erstellung dieses Buches sind die Erfahrungen der Arbeitsgruppe von Ernst Becker im ehemaligen Fachbereich Mechanik an der damaligen Technischen Hochschule und heutigen Universität Darmstadt und insbesondere die Gedanken von Hans Buggisch und Stefan Sponagel eingegangen.

Für das Schreiben und Lesen des Manuskripts danken wir ganz herzlich Jutta Unger und ebenso Jochen Unger für die digitale Unterstützung und die zahlreichen Diskussionen der technologisch-monetären Inhalte.

Darmstadt / Mantenay-Montlin, Mai 2015 — Jochem Unger
Trier / Luxemburg, Mai 2015 — Stephan Leyer

Inhalt

Häufig vorkommende Symbole

Internationales Einheitensystem (Système international d'unités)

Dimensionen		**Grundeinheiten**	
L	Länge	m	Meter
M	Masse	kg	Kilogramm
T	Zeit	s	Sekunde
Θ	Temperatur	K	Kelvin
N	Stoffmenge	mol	Mol
I	Strom	A	Ampere
J	Lichtstärke	cd	Candela

Kennzahlen			**Naturkonstante**
Re	Reynolds	Γ	Gravitationskonstante
Br	Brinkmann	c	Lichtgeschwindigkeit
Pr	Prandtl	h	Planck Konstante
Nu	Nusselt	k_B	Boltzmann Konstante
Ec	Eckert	k_C	Coulomb Konstante
Eu	Euler	σ	Stefan-Boltzmann Konstante
Fr	Froude	e	Elementarladung
Ma	Mach	k_A	Avogadro Konstante

Präsentanz und Einflussgrößen

x_i	Einflussgrößen
$y = y(x_1, x_2, ... x_n)$	Präsentanz, Zielgröße
$X(x_1, x_2, ..., x_n)$	Datensatz
$X_V(x_1, x_2, ..., x_N)$	vollständiger Datensatz

Geometrische Größen

A	Fläche, Querschnitt
D	Durchmesser
H	Höhe
Δh, ΔL	Höhen/Längen-Differenz
L, l, b	Längen
R, r	Radius, Abstand

Materialeigenschaften

c	spezifische Wärmekapazität
λ	Wärmeleitfähigkeit
α	Wärmeübergangskoeffizient
ρ, $\Delta\rho$	Dichte, Dichtedifferenz
η	dynamische Zähigkeit
$\nu = \eta / \rho$	kinematische Zähigkeit
E	Energie, Elastizitätsmodul
EJ	Biegesteifigkeit
E_G	Auslöseenergie
μ	Schubmodul
kA	Wärmeübertragungskoeffizient

Elektrische Größen

Q	elektrische Ladung
U	Spannung
I	Strom
R	Widerstand
C	Kapazität
L	Induktivität

Monetäre Größen

K	Kosten
U	Umsatz
E	Ertrag

Sonstige Größen

Δ	Differenz
E	Energie
F	Kraft
G	Gewichtskraft
g	Erdbeschleunigung
K	Konstante
λ, ν, f	Wellenlänge, Frequenz, Schrittfrequenz
m, M	Masse, Molmasse
$\dot{m}$	Massenstrom
n, N	Anzahl
$\dot{n}$, $\dot{x}$	Anzahl/Zeit
p	Druck
P, $\dot{Q}$	Leistung
R	Relation
σ	Spannung
t, T	Zeit, Zeitintervall
T, ΔT	Temperatur, Temperaturdifferenz
U, v	Geschwindigkeit
V, ΔV	Volumen, Teilvolumen
$\dot{V}$	Volumenstrom
$x, \dot{x}, \ddot{x}$	Weg, Geschwindigkeit, Beschleunigung

1 Einführung

Wir betrachten naturwissenschaftliche Systeme, die sich mit Größen x_i beschreiben lassen, die jeweils durch eine Maßzahl und eine Einheit

$$x_i = \text{Maßzahl}\,(x_i) \cdot \text{Einheit}\,(x_i) \tag{1.1}$$

charakterisiert sind. Die verwendeten Grundgrößen sind die des Internationalen Einheitensystems (SI: Système international d'unités, Bild 1.1):

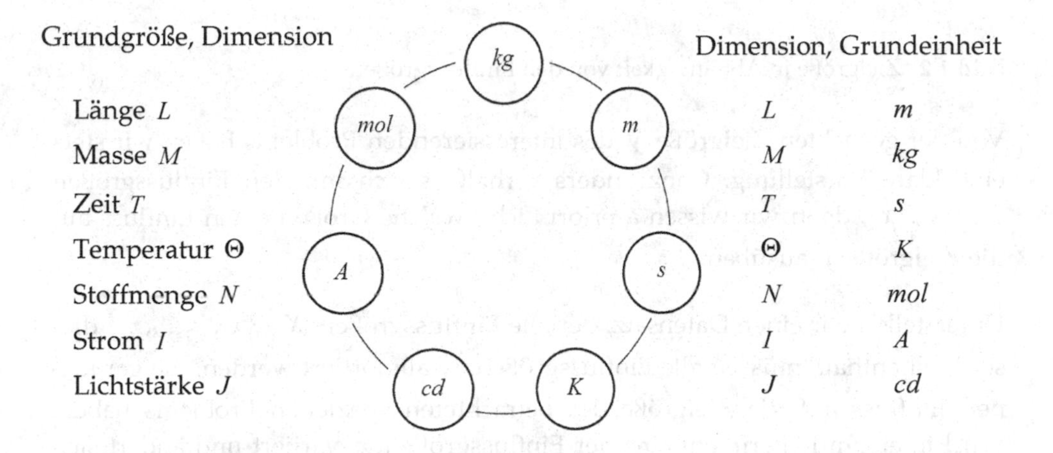

Bild 1.1 Internationales Einheitensystem

Die Dimension einer Größe x_i kann als Produkt von Potenzen der Dimensionen der zugehörigen Grundgrößen dargestellt werden:

$$\dim x_i = L^{\alpha} M^{\beta} T^{\gamma} \Theta^{\delta} N^{\varepsilon} I^{\zeta} J^{\eta} \tag{1.2}$$

Grundgrößen: $\dim L = L$, $\dim M = M$, $\dim T = T$, …, $\dim J = J$

Abgeleitete Größen: Kraft $\rightarrow \dim F = L\,M\,T^{-2}$
Geschwindigkeit $\rightarrow \dim V = L T^{-1}$
Leistung $\rightarrow \dim P = L^2\,M\,T^{-3}$
Elektrische Spannung $\rightarrow \dim U = L^2\,M\,T^{-3} A^{-1}$

Die Anzahl der für Wissenschaft und Technik abgeleiteten Größen kann beliebig erweitert werden.

Zur Lösung eines technischen Problems wird die Zielgröße y gesucht, die von den Einflussgrößen $x_1, x_2, \ldots, x_n$ beeinflusst wird.

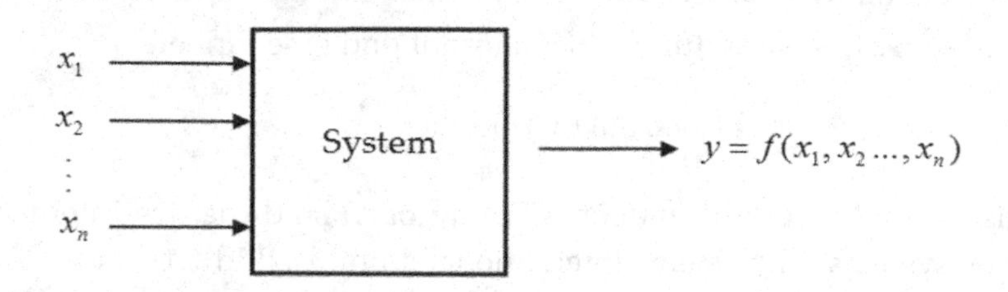

Bild 1.2 Zielgröße in Abhängigkeit von den Einflussgrößen

Von der gesuchten Zielgröße y des interessierenden Problems haben wir stets eine klare Vorstellung. Ganz anders verhält es sich mit den Einflussgrößen $x_1, x_2, \ldots, x_n$, denn wir wissen a priori nicht, welche Größen einen Einfluss auf die Zielgröße y ausüben.

Unterstellen wir einen Datensatz, der alle Einflussgrößen $X = \{x_1, x_2, \ldots, x_n\}$ dieser Welt enthält, müssen alle Einflussgrößen x_i aussortiert werden, die gar keinen Einfluss auf die Zielgröße des betrachteten speziellen Problems haben. Wird in einem Experiment eine der Einflussgrößen x_i variiert und ändert sich dabei die Zielgröße nicht, kann diese Größe als Einflussgröße ausgeschlossen werden. Durch Falsifizieren kann so der Datensatz auf den vollständigen Datensatz $X_V = \{x_1, x_2, \ldots, x_N\}$ eingeschränkt werden, der Grundlage zum Erreichen einer universellen Darstellung (Präsentanz) der gesuchten Zielgröße ist.

Ist der Datensatz dagegen unvollständig, liefern Experimente nur Relationen, die sich insgesamt als unstrukturierte Ergebniswolke präsentieren. Der Datensatz ist dann zu erweitern.

Fallunterscheidung:

$n < N$: Relationen $\rightarrow$ Ergebniswolke

$n = N$: Präsentanz

$n > N$: überzählige Daten ohne Einfluss auf Präsentanz

Wir demonstrieren diesen Sachverhalt am einfachen Beispiel eines mit der Normalspannung σ belasteten Zugstabes der Ursprungslänge L und beschränken die Betrachtung auf elastisches Verhalten.

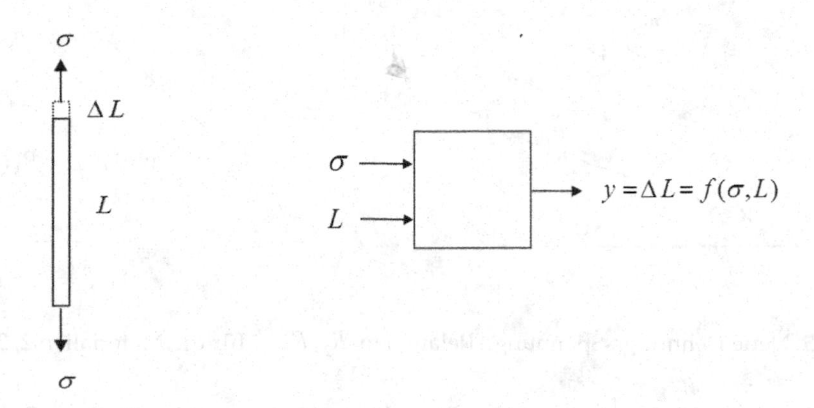

Bild 1.3 Zugstab und zugehörige systemtechnische Darstellung: Zielgröße y in Abhängigkeit von den Einflussgrößen σ, L

Wenn ein Experimentator mit einem Material 1 Längenänderungen ΔL in Abhängigkeit von den im Experiment aufgeprägten Spannungen σ misst, erhält er die in Bild 1.4 aufgetragene Relation R_1, die bei nach oben beschränkten Spannungen für Belastungen mit $\sigma > 0$ ein lineares Verhalten aufweist.

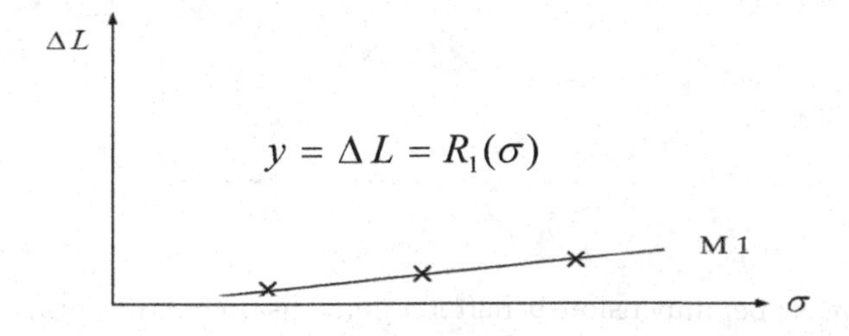

Bild 1.4 Gemessene Stabverlängerungen ΔL in Abhängigkeit von den angelegten Spannungen σ

Bei der Verwendung anderer Materialien 2, 3, … ergeben sich neue Relationen.

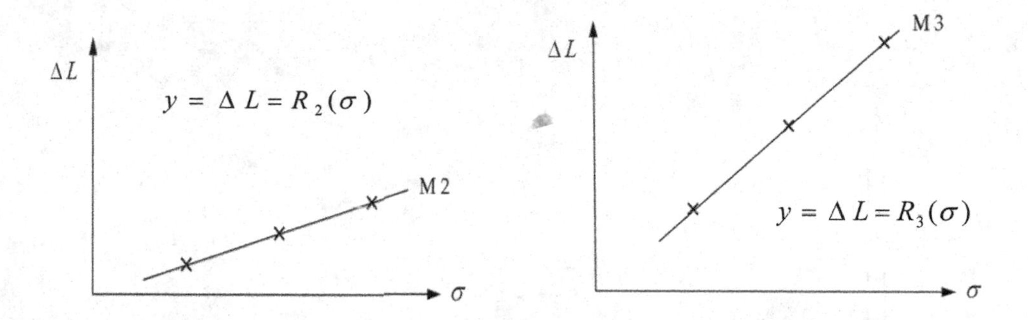

Bild 1.5 Neue Dehnungs-Spannungs-Relationen $R_2, R_3, \ldots$ für die Materialien 2, 3, …

Für jedes neue Material liefert das Experiment eine neue zusätzliche Relation. Es müssen für jedes neue Material immer wieder die gleichen Experimente durchgeführt werden. Man erhält bei gemeinsamer Auftragung aller Messergebnisse in einem einzigen Bild eine Ergebniswolke (Bild 1.6), die sich auch bei entsprechenden numerischen Rechnungen einstellt.

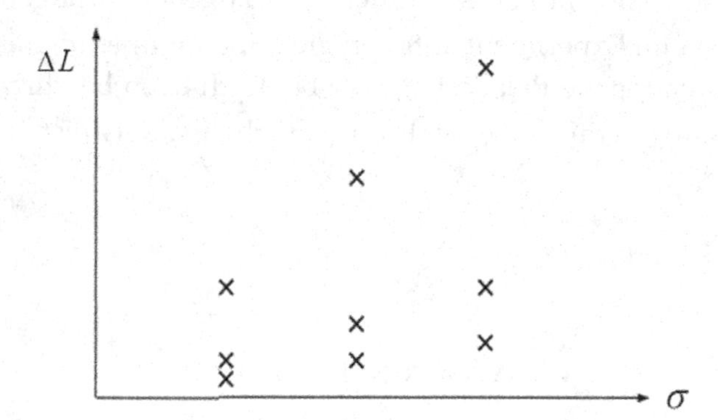

Bild 1.6 Ergebniswolke bei dimensionsbehafteter gemeinsamer Auftragung aller Experimente in einem Bild

Die Ergebniswolke als experimentelles Ergebnis zeigt, dass der Datensatz $X = \{\sigma,\ L\}$ nicht vollständig ist.

Die Ursache für dieses Verhalten offenbart ein Blick auf die zugehörige Dimensionsmatrix, die in Bild 1.7 gebildet mit der Zielgröße $y = \Delta L$ und dem Datensatz $X = \{\sigma,\ L\}$ unter Beachtung der Dimensionen L, M, T der Grundgrößen Länge, Masse, Zeit dargestellt ist.

Die Zahlen in den Spalten der Matrix sind die Potenzen der Grundeinheiten:

$$\dim \Delta L = L \rightarrow m^1 kg^0 s^0,\ \dim \sigma = L^{-1} M T^{-2} \rightarrow m^{-1} kg^1 s^{-2}$$

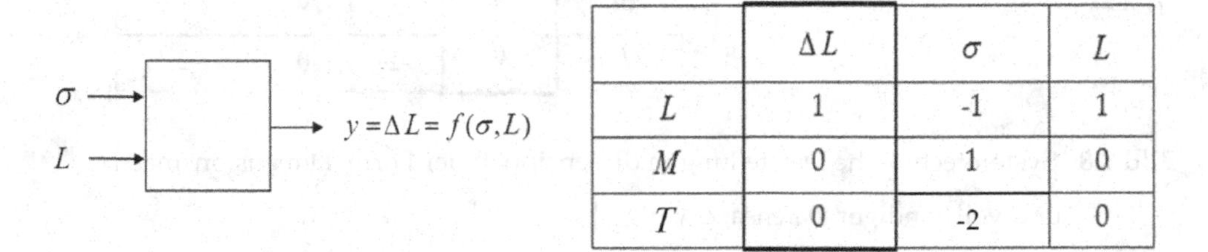

	ΔL	σ	L
L	1	-1	1
M	0	1	0
T	0	-2	0

Bild 1.7 Systemtechnische Darstellung, Dimensionsmatrix und Datensatz $X = \{\ \sigma,\ L\}$

Wir erkennen, dass der Datensatz $X = \{\sigma,\ L\}$ nicht vollständig sein kann, da eine Größe von der Dimension einer Spannung fehlt, mit der die Spannung σ entdimensioniert werden könnte.

Da universelle Darstellungen naturwissenschaftlicher Probleme nur durch Beschreibungen mit dimensionsfreien Kenngrößen zu erreichen sind, müssen die diesen Problemen zugeordneten Datensätze vollständig sein, so dass eine hinreichende Entdimensionierung möglich wird.

Zur Vervollständigung des Datensatzes wird im vorliegenden Beispiel zur möglichen Entdimensionierung der Spannung σ die charakteristische Spannung σ^* eingeführt, mit der die Eigenschaft des jeweils verwendeten Materials beschrieben wird, die in der Materialwissenschaft als E-Modul bekannt ist.

Der so erweiterte Datensatz $X = X_V\{\ \sigma,\ L,\ E\}$ ist vollständig, wenn damit die dimensionslose Darstellung des Zusammenhangs zwischen der dimensionsfreien Zielgröße und den dimensionsfreien Einflussgrößen gelingt.

1.1 Dimensionfreie Darstellung und Präsentanz

Mit dem erweiterten Datensatz $X = \{\, \sigma,\, L,\, E \,\}$ kann unter Beachtung der zugehörigen Dimensionsmatrix die dimensionsfreie Zielgröße in Abhängigkeit von den ebenfalls dimensionsfreien Einflussgrößen dargestellt werden.

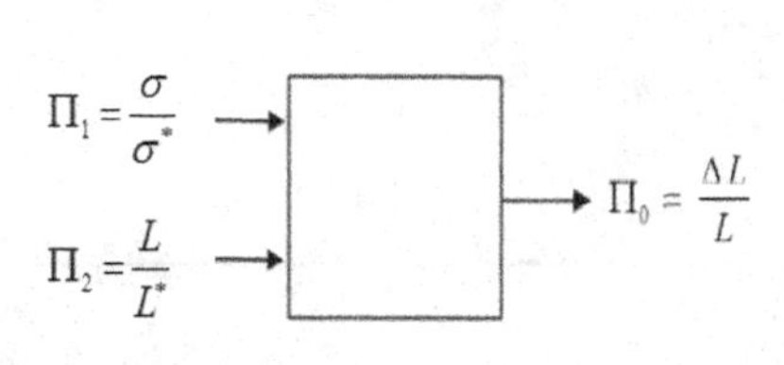

	ΔL	σ	L	$\sigma^* = E$
L	1	-1	1	-1
M	0	1	0	1
T	0	-2	0	-2

Bild 1.8 Systemtechnische Darstellung in dimensionsfreier Form, Dimensionsmatrix und vollständiger Datensatz $X = X_V\{\, \sigma,\, L,\, E \,\}$

Zur Entdimensionierung der Längen ΔL und L wird als repäsentative Länge L^* die einzig zur Verfügung stehende Länge L selbst und zur Entdimensionierung der Spannung die repäsentative Spannung $\sigma^* = E$ benutzt, mit der die Materialeigenschaft in die Darstellung eingebracht wird.

Konkret ergeben sich die dimensionsfreien Kenngrößen (Π-Produkte) zu

$$\Pi_0 = \frac{\Delta L}{L^*} = \frac{\Delta L}{L}\,, \quad \Pi_1 = \frac{\sigma}{\sigma_*} = \frac{\sigma}{E}\,, \quad \Pi_2 = \frac{L}{L^*} = \frac{L}{L} = 1 \tag{1.3}$$

mit denen abschließend die dimensionsfreie systemtechnische Darstellung

$\Pi_1 = \frac{\sigma}{E}$ → [ ] → $\Pi_0 = \frac{\Delta L}{L}$

$\Pi_2 = 1$ →

Bild 1.9 Systemtechnische Darstellung in dimensionsfreier Form

erstellt werden kann.

Durch Auftragen aller experimentell ermittelten relativen Längenänderungen (Dehnungen) über den mit den E-Modulen dimensionsfrei gemachten Testspannungen σ erhalten wir für alle getesteten Materialien die universelle Darstellung nach Bild 1.10.

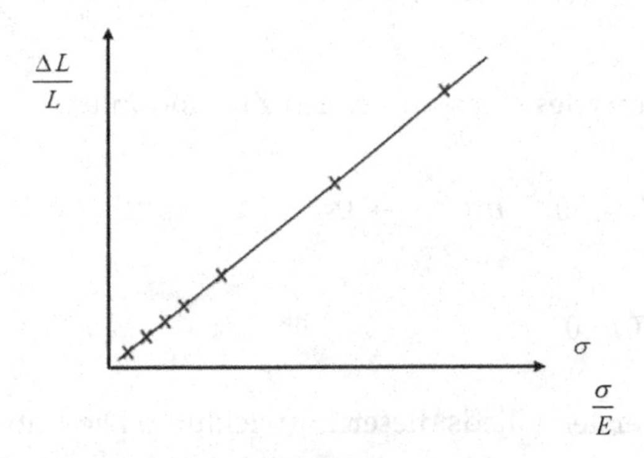

Bild 1.10 Universelle Darstellung des Dehnungsexperiments

Mit der so gefundenen universellen Darstellung

$$\frac{\Delta L}{L} = \frac{\sigma}{E} \tag{1.4}$$

werden alle Experimente auf eine einzige Kurve abgebildet, die wegen der Beschränkung auf elastisches Verhalten zudem eine Gerade ist. Umgeschrieben auf die Zielgröße $y = \Delta L$ erhalten wir die Präsentanz

$$y = \Delta L = L \cdot \frac{\sigma}{E} \tag{1.5}$$

des Dehnungsexperiments.

1.2 Reihenentwicklung und Ausschöpfung

Auch ohne aufwendige Experimente können für die gesuchte universelle Abbildung (Präsentanz) Aussagen gemacht werden. Entsprechend der systemtechnischen Darstellung nach Bild 1.9 kann ganz allgemein die Lösung

$$\Pi_0 = \frac{\Delta l}{L} = G\left(\Pi_1 = \frac{\sigma}{E}, \Pi_2 = 1\right) = \widetilde{G}\left(\frac{\sigma}{E}\right) \tag{1.6}$$

angeschrieben werden, die letztlich nur eine Funktion $\widetilde{G}$ in Abhängigkeit von der dimensionsfreien Spannung σ / E sein kann.

Diese allgemeine Darstellung (1.6) kann entwickelt um den belastungsfreien Zustand $\sigma = 0$ als Taylorreihe dargestellt werden:

$$\frac{\Delta l}{L} = \widetilde{G}(0) + \widetilde{G}'(0)\frac{\sigma}{E} + \ldots. \tag{1.7}$$

Aus der trivialen Kenntnis des belastungsfreien Zustand mit

$$\frac{\Delta L}{L} \to 0 \quad \text{für} \quad \sigma \to 0 \tag{1.8}$$

folgt mit

$$\widetilde{G}(0) = 0 \tag{1.9}$$

das Verschwinden des ersten Glieds dieser Entwicklung. Die Entwicklung starte mit dem Glied $\widetilde{G}'(0) \cdot \sigma / E$ und kann für aufgeprägte Spannungen $\sigma > 0$, die nach oben beschränkt sind, nach diesem ersten nichttrivialen Glied abgebrochen werden. Als Lösung erhält man durch Dimensionsbetrachtung, Reihenentwicklung und Nutzung einer trivialen Zusatzinformation (Nutzung a priori bekannter Informationen → Verschärfen und Ausschöpfen) so den linearen Zusammenhang

$$\frac{\Delta l}{L} = \widetilde{G}'(0)\frac{\sigma}{E} \tag{1.10}$$

mit der noch unbekannten Konstanten $\widetilde{G}'(0)$, die nur mit Hilfe eines Experiments zu $\widetilde{G}'(0) = 1$ bestimmt werden kann. Dabei genügt ein einziges Experiment.

Mit Dimensionsbetrachtungen und Ausschöpfungen lassen sich ohne spezielles Fachwissen effektiv Erkenntnisse gewinnen. Diese Betrachtungen gestatten es dem Ingenieur effektiv Antworten auf neue technische Fragestellungen geben zu können. Es geht hier nicht um die Suche nach der Weltformel, die eine Domäne der Physiker ist.

Physiker	**Ingenieur**
Suche nach der Weltformel	Lösung von technischen Problemen

Bild 1.11 Unterschiedliche Ziele der Physiker und Ingenieure

Im hier vorliegenden Buch werden vorrangig die Ziele der Ingenieure verfolgt und deshalb nach der folgenden Prämisse gehandelt:

Jedes technische Problem ist ein so extremer Sonderfall,
dass immer eine einfache Lösung gefunden werden kann.

Insbesondere das Ausschöpfen muss konsequent betrieben werden, um möglichst einfache Lösungen finden zu können. Dazu sind alle problemspezifische Informationen zu nutzen: Invarianten, Symmetrien, Grenzfälle, Anfangs- und Randbedingungen, Einbettung in Nachbarprobleme, etc.

1.3 Fachgebiete als Teile des Ganzen

Man stelle sich ein Wollknäuel vor, auf dessen Faden die Lösungen aller Probleme dieser Welt aufgelistet sind. Zur Lösung eines speziellen Teilproblems genügt bereits ein nur kurzes Stück dieses Fadens, das die entsprechenden Informationen enthält.

Um eine eingeschränkte Lösung im Sinne eines Ingenieurs finden zu können, genügt das Heraustrennen eines kurzen Fadenstücks L_i (Bild 1.12). Der kurze Faden enthält den größten Anteil der speziellen Antwort. Auf den Rest kann verzichtet werden. Mathematisch heißt dies, dass eine endliche Anzahl von Gliedern einer Reihenentwicklung zur Beschreibung eines speziellen Problems ausreichend ist. Die so mathematisch eingeschränkte Lösung ist dann zielorientiert mit fachspezifischen Informationen möglichst vollständig auszuschöpfen.

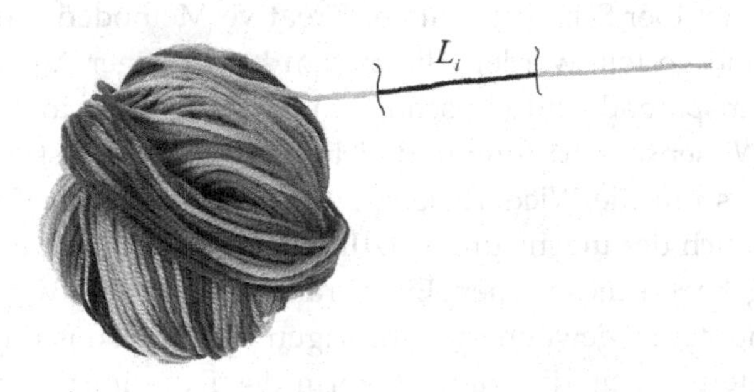

Bild 1.12 Anschauliche Vorstellung zur Beschaffung einer technischen Lösung

Man kann sich somit Fachgebiete als Teilfäden $L_1, L_2, \ldots, L_N$ aus dem Ganzen vorstellen (Bild 1.13).

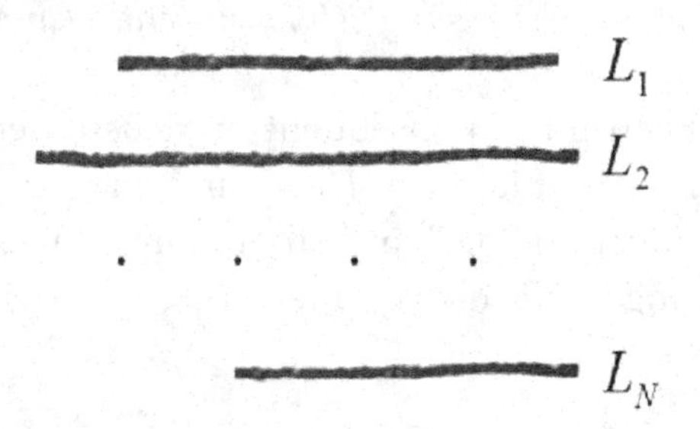

Bild 1.13 Fachgebiete als Teile des Ganzen

1.4 Ordnen und Strukturieren

Sowohl Naturwissenschaftler als auch Ingenieure müssen ihre Gedanken, Planungen und Experimente ordnen und strukturieren. Wenn auch die zu bearbeitenden Probleme von unterschiedlicher Herkunft sind, gilt es die Einheitlichkeit der Methoden und Vorgehensweisen zu wahren. Auch dies ist Ziel des vorliegenden Buches. Insbesondere mit dem digitalen Werkzeug Computer hat sich das Faktenwissen der Menschheit explosionsartig vermehrt. Gleichzeitig veraltet das technische Detail in einem ebenso nie dagewesenen Tempo. In dieser Situation sind Arbeitsmethoden und Denkweisen angesagt, die im Computerzeitalter als veraltet oder gar als störend betrachtet werden. Die Kreativität der Menschen hat hier Schaden erlitten. Kreative Methoden müssen wieder in den Vordergrund gestellt werden, die zudem bei richtiger Anwendung extrem zeit- und kostensparend sind (Abschn. 2.2). Deshalb steht in diesem Buch die Methode der Wissensbeschaffung und nicht das Wissen selbst im Vordergrund. Letztlich geht es um die Wiederbelebung der menschlichen Kreativität insbesondere im Bereich der Ingenieure. Letztlich müssen Naturgesetze erkannt und unter den gegebenen technischen Einschränkungen effektiv genutzt werden. Die Bestätigung der so gewonnenen Aussagen kann nur das physikalisch reale Experiment liefern. Allein die Natur in Form des Experimentes ist Richter über den Wahrheitsgehalt menschlicher Aussagen.

Die heute übliche Anwendung von Computerprogrammen, mit denen Experimente simuliert werden sollen, ist der Versuch, ohne die zuvor diskutierte universelle Kreativität methodische Antworten auf spezielle Fragen (Fachgebiete) finden zu können.

Der unqualifizierte Einsatz von Computern lässt die Numerik zu einer Epizykeltechnik (Bild 1.14) verkommen, wie diese etwa zur Beschreibung der Planetenumlaufbahnen in der Zeit vor Kepler (1571-1630) und Newton (1643- 1727) üblich war.

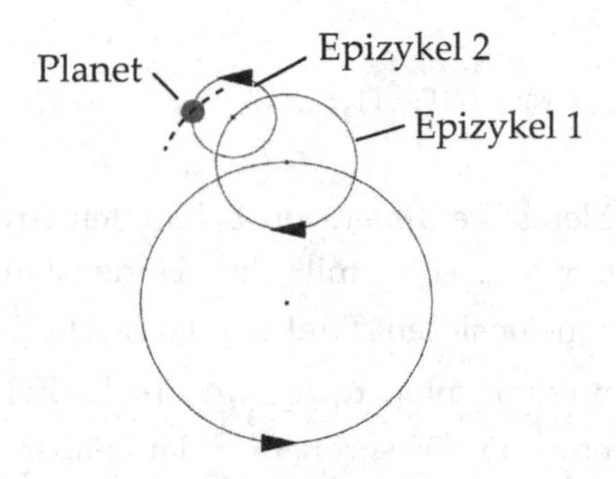

Bild 1.14 Planetenbahndarstellung mit Epizyklen zur Beschreibung der realen Abweichungen von der idealen Kreisbahn

Mit der Epizykeltechnik kann eine reale Planetenbahn approximativ durch die Überlagerung der Bewegung eines Planeten auf Nebenkreisen (Epizykel), die sich entlang der zugehörigen größeren Basiskreise bewegen (Bild 1.14), dargestellt werden. Durch die Vergrößerung der Anzahl n der Epizykel lassen sich beliebige Umlaufbahnen hinreichend genau beschreiben, ohne dass dabei die Ursachen für die Bahnbewegung verstanden werden. Umlaufbahnen haben aber fundamentale naturgesetzliche Ursachen, die sich elegant und direkt aus den Grundgesetzen der newtonschen Mechanik herleiten lassen.

Im übertragenen Sinn sind Numeriker, die ihre Rechnungen immer wieder an die Details des Problems anpassen müssen, Epizykler. Um kein Epizykler zu werden, müssen auch bei der Anwendung der Computer die nicht von Menschen gemachten Naturgesetze im Vordergrund stehen. Auch wenn etwa bei CFD-Rechnungen (Computational Fluid Dynamics) die Grundlagen der Mechanik (Masse, Energie, Impuls) Anwendung finden, dabei aber auf Zusatzinformationen zusätzlich aus speziellen nicht universellen Experimenten zurückgegriffen wird, bleibt das Epizykelproblem evident.

2 Π-Theorem

Das Π-Theorem beschreibt die Äquivalenz zwischen der ursprünglichen Fragestellung nach der Zielgröße

$$y = f(x_1, x_2, ..., x_N) \tag{2.1}$$

in Abhängigkeit von den dimensiosbehafteten Einflussgrößen und der zugeordneten Darstellung

$$y = x_1^{\alpha_1} \cdot x_2^{\alpha_2} \cdot ... \cdot x_N^{\alpha_N} \cdot G(\Pi_1, \Pi_2, ..., \Pi_p) \tag{2.2}$$

die als Präsentanz des Problems die dimensionsbehafteten Größen in Form eines Potenzproduktes $x_1^{\alpha_1} \cdot x_2^{\alpha_2} \cdot ... \cdot x_N^{\alpha_N}$ mit der Dimension der Zielgröße multiplikativ mit der dimensionslosen Funktion $G(\Pi_1, \Pi_2, ..., \Pi_p)$ verknüpft. Dabei sind die zugehörigen Exponenten $\alpha_1, \alpha_2, ..., \alpha_N$ reelle Zahlen und die mit den dimensionsbehafteten Einflussgrößen darstellbaren Argumente $\Pi_1, \Pi_2, ..., \Pi_p$ die linear unabhängigen Potenzprodukte (Kennzahlen) des Problems.

Der wesentliche Sinn der Darstellung (2.2) liegt in der Reduzierung der N dimensionsbehafteten Einflussgrößen auf $p = N - r < N$ dimensionsfreie Argumente, die zugleich die Kennzahlen des zu untersuchenden Problems sind. Dabei ist r der Rang der zugehörigen Dimensionsmatrix, der mit der Anzahl der Grundgrößen des gewählten Maßsystems im Zusammenhang steht.

Die geschilderte Äquivalenz kann auch implizit

$$F(y, x_1, x_2, ..., x_N) = 0 \quad \Leftrightarrow \quad H(\Pi_0, \Pi_1, ..., \Pi_{p=N-r}) = 0 \tag{2.3}$$

formuliert werden.

Die Darstellung (2.3) ist Abbild der Grundeigenschaften und der Messbarkeit unserer Welt. Der Beweis des Π-Theorems kann allein mit Mitteln der Linearen Algebra geführt und in entsprechenden Büchern über Dimensionsanalyse [1, 2, 3, 4] nachgelesen werden, so dass wir hier auf eine Wiederholung der Beweisführung verzichten können, zumal sich für konkrete Probleme die Präsentanz eines Problems mit etwas Übung stets ohne spezielles fachliches Wissen und ohne Kenntnis der Beweistechnik direkt anschreiben lässt.

2.1 Systematische und heuristische Beschaffung der Π-Produkte

Unter der Voraussetzung der universellen Gültigkeit des Π-Theorems wird zur Einführung ein elementares Beispiel behandelt, um die hierbei im Umgang mit dem Π-Theorem gewonnenen Erfahrungen später auch bei der praktischen heuristischen Vorgehensweise ohne detaillierte Berechnungen anwenden zu können.

Es wird eine mit einem newtonschen Fluid der Dichte ρ und der dynamischen Zähigkeit η tangential angeströmte Platte (Bild 2.1) der Breite b und der Länge l betrachtet.

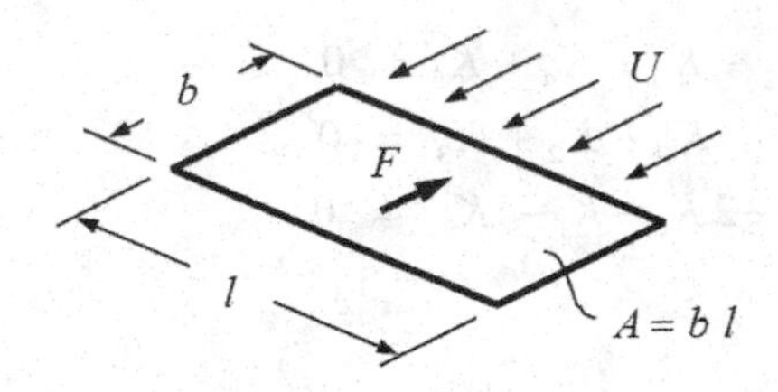

Bild 2.1 Tangential angeströmte Platte

Gesucht ist der Zusammenhang $f(y=F, x_1=U, x_2=\rho, x_3=\eta, x_4=l, x_5=b)=0$, der explizit aufgelöst nach der Zielgröße y die Frage nach der erforderlichen Haltekraft F in universeller Weise beantwortet. Dies ist der Fall, wenn wir die Präsentanz des Problems gefunden haben.

Zum Erreichen dieses Ziels schreiben wir zur expliziten Berechnung die zugehörigen dimensionslosen Produkte

$$\Pi_i = F^{K_0} \cdot U^{K_1} \cdot \rho^{K_2} \cdot \eta^{K_3} \cdot l^{K_4} \cdot b^{K_5} \tag{2.4}$$

an, die aufgrund der Dimensionshomogenität nur Potenzprodukte von der Zielgröße $y=F$ und den Einflussgrößen $X=\{U,\rho,\eta,l,b\}$ sein können.

Aus der Dimensionsfreiheit $\dim\Pi_i = [\Pi_i] = 1$ dieser Produkte

$$[\Pi_i] = [F]^{K_0}[U]^{K_1}[\rho]^{K_2}[\eta]^{K_3}[l]^{K_4}[b]^{K_5} = 1 \tag{2.5}$$

folgt unter Beachtung der Dimensionen L,M,T für die Zielgröße F und die Einflussgrößen U, ρ, η, l, b

$$[F]= LMT^{-2},\ [U]=LT^{-1},\ [\rho]=L^{-3}M,\ [\eta]= L^{-1}MT^{-1},\ [l]= L,\ [b]= L \tag{2.6}$$

die Gleichung

$$[\Pi_i]=L^{K_0+K_1-3K_2-K_3+K_4+K_5}\cdot M^{K_0+K_2+K_3}\cdot T^{-2K_0-K_1-K_3} = 1 \tag{2.7}$$

aus der sich mit dem Verschwinden der Dimensionsexponenten drei Gleichungen für die sechs Koeffizienten K_o,K_1,K_2,K_3,K_4,K_5

$$\begin{aligned} K_0+K_1-3K_2-K_3+K_4+K_5 &= 0\\ K_0+K_2+K_3 &= 0\\ -2K_0-K_1-K_3 &= 0 \end{aligned} \tag{2.8}$$

ablesen lassen. Das Gleichungssystem (2.8) zur Bestimmung der sechs Koeffizienten ist somit unterbestimmt.

Bevor wir unsere Wahl für die drei zunächst noch unbestimmten Koeffizienten treffen, schreiben wir das Gleichungssystem (2.8) in die Form

$$\begin{aligned} K_0 &= -\ (K_3+K_4+K_5)/2\\ K_1 &= K_4+K_5\\ K_2 &= -(K_3-K_4-K_5)/2 \end{aligned} \tag{2.9}$$

um und erkennen, dass mit der Wahl der Koeffizienten K_3, K_4, K_5 auch die Koeffizienten K_0, K_1, K_2 bestimmt sind.

Die Koeffizienten K_3, K_4, K_5 werden jetzt so gewählt, dass alle linear unabhängige Potenzprodukte Π_i in Erscheinung treten können. Dieses ist der Fall, wenn die Koeffizienten K_3, K_4, K_5 selbst linear unabhängig voneinander sind. Wir wählen deshalb die linear unabhängigen Kombinationen

$$\begin{array}{llll} i=0 & K_3=1 & K_4=0 & K_5=0\\ i=1 & K_3=0 & K_4=1 & K_5=0\\ i=2 & K_3=0 & K_4=0 & K_5=1 \end{array} \tag{2.10}$$

deren zugehörige Matrix mit drei von Null verschiedenen Zeilen

$$\begin{matrix} 1 & 0 & 0 \\ 0 & 1 & 0 \\ 0 & 0 & 1 \end{matrix} \tag{2.11}$$

die lineare Unabhängigkeit bestätigt.

Setzt man die so gewählten drei Kombinationen K_3, K_4, K_5 der Reihe nach in die Bestimmungsgleichungen (2.9) ein, erhält man die restlichen Koeffizienten K_0, K_1, K_2 in der Zuordnung nach (2.12):

(2.12)

i	K_3	K_4	K_5	K_0	K_1	K_2
0	1	0	0	−1/2	0	−1/2
1	0	1	0	−1/2	1	1/2
2	0	0	1	−1/2	1	1/2
	gewählt			errechnet		

Damit stehen drei Kombinationen für die Koeffizienten $K_0, K_1, K_2, K_3, K_4, K_5$ bereit, die durch Einsetzen in die Gleichung für die Potenzprodukte (2.4) schließlich auf drei linear unabhängige dimensionsfreie Produkte Π_0, Π_1, Π_2 führen.

(2.13)

i	F K_0	U K_1	ρ K_2	η K_3	l K_4	b K_5	
0	−1/2	0	−1/2	1	0	0	$\Pi_0 = \frac{\eta}{F^{1/2}\rho^{1/2}}$
1	−1/2	1	1/2	0	1	0	$\Pi_1 = \frac{U\rho^{1/2}l}{F^{1/2}}$
2	−1/2	1	1/2	0	0	1	$\Pi_2 = \frac{U\rho^{1/2}b}{F^{1/2}}$

Die gefundenen Π-Produkte sind nicht die üblicherweise in der Strömungsmechanik verwendeten Kennzahlen. Ursache hierfür ist die willkürliche Wahl der Koeffizienten K_3, K_4, K_5. Die gewählte willkürliche Zuordnung entsprechend der Elemente der Einheitsmatrix (2.11) bedeutet aber keine Einschränkung der Allgemeinheit. Ein Π-Datensatz kann stets durch Potenzproduktbildung der willkürlich gefundenen Π-Produkte in übliche Kennzahlen überführt werden. Die hier gegebene Freiheit gestattet stets die Gestaltung der Π-Produkte, die ganz speziell auf die besonderen Belange eines Problems zugeschnitten sind. Auch die einfache Messbarkeit von Einflussgrößen kann für eine sinnvolle Wahl der Π-Produkte bedeutend sein.

In unserem Beispiel lassen sich die drei gefundenen Π-Produkte mit den Potenzproduktbildungen nach (2.14) in die in der Strömungsmechanik üblichen Kennzahlen umschreiben:

$$\Pi_0^* = \Pi_1^{-1} \cdot \Pi_2^{-1} = \frac{F}{\rho U^2 b l}$$

$$\Pi_1^* = \Pi_1 \cdot \Pi_o^{-1} = \frac{U\ b}{\eta / \rho} = \mathrm{Re} \tag{2.14}$$

$$\Pi_2^* = \Pi_1 \cdot \Pi_2^{-1} = \frac{b}{l}$$

Durch Anwendung des Π-Theorems ist die Reduzierung von $N = 5$ dimensionsbehafteten auf $p = 2$ dimensionsfreie Einflussgrößen Π_1^*, Π_2^* gelungen.

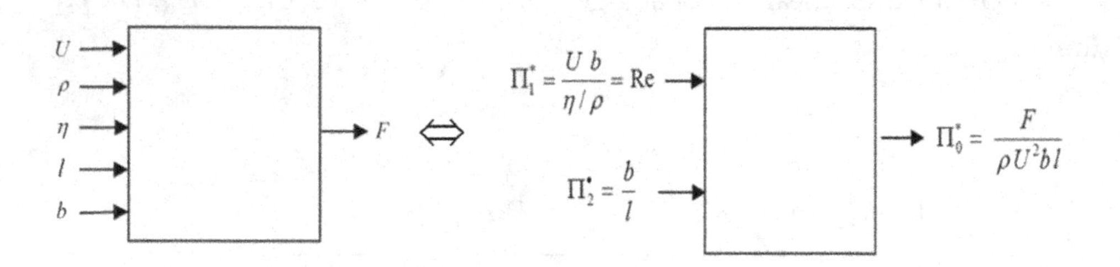

Bild 2.2 Reduzierung der Daten durch dimensionsfreie Darstellung

Mit dem so gewonnenen Ergebnis $\Pi_0^* = G(\Pi_1^*, \Pi_2^*)$ kann die Zielgröße $y = F$ als Präsentanz des Problems explizit durch

$$y = F = \rho U^2\, b l \cdot G(\mathrm{Re}, b/l) \tag{2.15}$$

dargestellt werden, die sich insbesondere für schlanke Platten mit $b/l \ll 1$ auf die alleinige Abhängigkeit von der Reynoldszahl Re reduziert

$$y = F = \rho U^2 bl \cdot \widetilde{G}(\mathrm{Re}) \tag{2.16}$$

die durch Reihenentwicklung um $b/l \to 0$

$$\begin{aligned} F &= \rho U^2 bl \cdot G(\mathrm{Re}, b/l) = \rho\, U^2 bl \left[G(\mathrm{Re},0) + G'(\mathrm{Re},0)\,\frac{b}{l} + \ldots \right] \\ &= \rho U^2 bl \cdot G(\mathrm{Re},0) = \rho U^2 bl \cdot \widetilde{G}(\mathrm{Re}) \end{aligned} \tag{2.17}$$

gefunden wird.

Mit Hilfe des Π-Theorems und der Beschränkung auf schlanke Platten kann die gesuchte Haltekraft $F = f(U, \rho, \eta, l, b)$ allein durch die experimentelle Bestimmung einer einzigen Funktion $\widetilde{G}$ in Abhängigkeit von der Reynoldszahl bestimmt werden. Es genügt eine einzige Messreihe unter Verwendung eines beliebigen newtonschen Fluids, um die in Bild 2.3 dargestellte Funktion $F/(\rho U^2 bl) = \widetilde{G}(\mathrm{Re})$ aufzeichnen zu können.

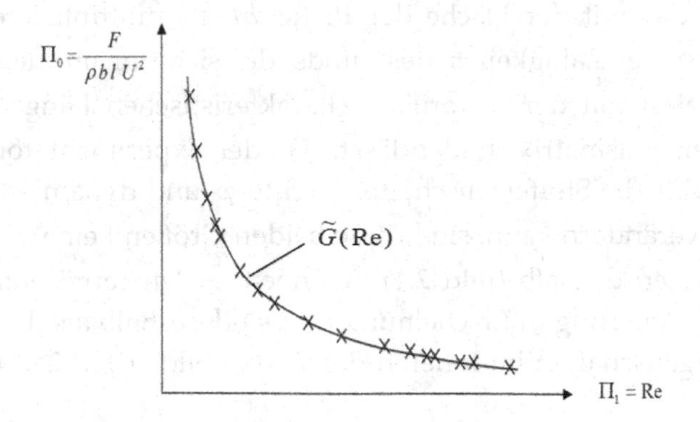

Bild 2.3 Universelle Darstellung des Haltekraftexperiments

Die Π - Produkte lassen sich auch mit weniger Aufwand heuristisch durch die unmittelbare Nutzung der Dimensionsmatrix (2.18) beschaffen, die mit Kenntnis des Datensatzes $f(y=F,\ x_1=U,\ x_2=\rho,\ x_3=\eta,\ x_4=l,\ x_5=b)=0$ unmittelbar angeschrieben werden kann

$N+1=6$

$m=3$

	F	U	ρ	η	l	b
L	1	1	−3	−1	1	1
M	1	0	1	1	0	0
T	−2	−1	0	−1	0	0

(2.18)

die mit der zum Gleichungssystem (2.8) zugehörigen Matrix (2.19) identisch ist und die heuristische Vorgehensweise mit Hilfe der Dimensionsmatrix legitimiert

K_0	K_1	K_2	K_3	K_4	K_5
1	1	−3	−1	1	1
1	0	1	1	0	0
−2	−1	0	−1	0	0

(2.19)

deren Eigenschaften sich direkt konstruktiv zur Entdimensionierung nutzen lassen. Für die Längen steht die umströmte Länge $b=b^*$ der Platte (Bild 2.1) zur Verfügung, so dass sich für $\Pi_2=1$ und $\Pi_3=l/b$ ergibt. Die Haltekraft F kann mit $F^* = \rho U^2 \cdot bl$ und die Anströmgeschwindigkeit U mit $U^* = (\eta/\rho)/b$ entdimensioniert werden. Dabei ist das Produkt ρU^2 ein Maß für den Staudruck der Strömung, das mit der Fläche der Platte bl zu multiplizieren ist. Bleibt noch der Einfluss der Zähigkeit η des Fluids, der sich nur mit dem Verhältnis η/ρ multipliziert mit der reziproken charakteristischen Länge b im Kontext mit der Dimensionsmatrix finden lässt. Da der Experimentator nach der Wahl eines Testfluids die Stoffeigenschaften Dichte ρ und dynamische Zähigkeit η nicht mehr verändern kann, sind diese beiden Größen keine direkten Einflussgrößen und treten deshalb (Bild 2.4) nur noch in den repräsentativen Größen zur Entdimensionierung in Erscheinung und sind deshalb als dem System innewohnende Eigenschaften im Inneren des Systembilds (Bild 2.4) eingezeichnet.

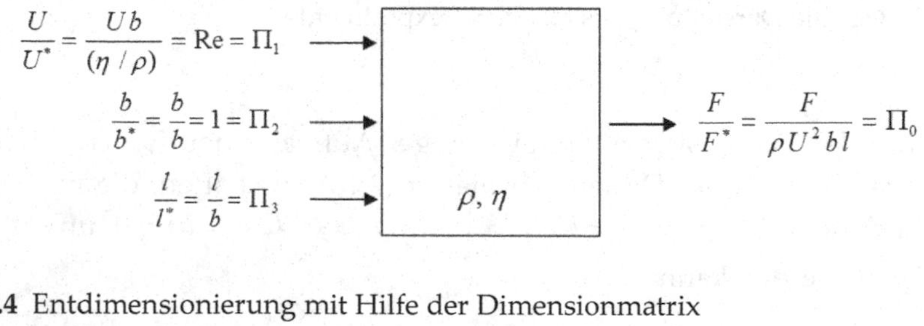

$$\frac{U}{U^*} = \frac{Ub}{(\eta/\rho)} = \mathrm{Re} = \Pi_1 \longrightarrow$$

$$\frac{b}{b^*} = \frac{b}{b} = 1 = \Pi_2 \longrightarrow$$

$$\frac{l}{l^*} = \frac{l}{b} = \Pi_3 \longrightarrow$$

ρ, η

$$\longrightarrow \frac{F}{F^*} = \frac{F}{\rho U^2 bl} = \Pi_0$$

Bild 2.4 Entdimensionierung mit Hilfe der Dimensionmatrix

Das so heuristische allein im Kontext mit der Dimensionsmatrix gefundene Ergebnis

$$\Pi_0 = \frac{F}{\rho U^2 bl} = G(\Pi_1 = \mathrm{Re}, \Pi_2 = 1, \Pi_3 = b/l) = \widehat{G}(\mathrm{Re}, b/l) \tag{2.20}$$

entspricht dem der systematischen Herleitung (2.15).

Mit der Entdimensionierung des Umströmungsproblems einer tangential angeströmten schlanken Platte ist eine Reduzierung von $N+1=6$ dimensionbehafteten Größen F, U, ρ, η, l, b (Anzahl der Spalten der Dimensionsmatrix) auf $p+1=3$ dimensionsfreie Größen Π_0, Π_1, Π_3 erreicht worden:

$$N+1=6 \quad \Leftrightarrow \quad p+1=3 \quad \rightarrow \quad r = N-p=3$$

Diese Reduktion um $r=3$ ist gleich der Anzahl $m=3$ der Dimensionen oder Grundgrößen des gewählten Maßsystems (Anzahl der Zeilen der Dimensionsmatrix) und entspricht auch dem Rang der zugehörigen Dimensionsmatrix (2.18).

Dass der Rang der Dimensionsmatrix (2.18) tatsächlich $r=m=3$ ist, lässt sich durch Elementarumformungen auf die zugehörige Diagonal- bzw. Einheitsmatrix

$$\begin{matrix} 1 & 1 & -3 & -1 & 1 & 1 \\ 1 & 0 & 1 & 1 & 0 & 0 \\ -2 & -1 & 0 & -1 & 0 & 0 \end{matrix} \quad \rightarrow \quad \begin{matrix} 1 & 0 & 0 & 0 & 0 & 0 \\ 0 & 1 & 0 & 0 & 0 & 0 \\ 0 & 0 & 1 & 0 & 0 & 0 \end{matrix}$$

Bild 2.5 Elementarumformung auf Einheitsmatrix

zeigen. Der Rang r der Diagonalmatrix ist gleich der Anzahl der von Null verschiedenen Diagonalelemente. In unserem Beispiel ist also in der Tat der Rang $r=3$ der Dimensionsmatrix gleich der Anzahl der Zeilen, die wiederum der Anzahl $m=3$ der Dimensionen oder Grundgrößen des verwendeten (L,M,T)-Maßsystems entspricht. Dies ist immer der Fall, wenn die Dimensionsmatrix regulär bleibt, keine linearen Abhängigkeiten auftreten.

Insbesondere für schlanke Platten reduziert sich die Darstellung (2.20) auf

$$\Pi_0 = \frac{F}{\rho U^2 bl} = G(\Pi_1 = \mathrm{Re}) = \widetilde{G}(\mathrm{Re}) \tag{2.21}$$

die explizit aufgelöst nach Haltekraft

$$F = \rho U^2 bl \cdot \widetilde{G}(\mathrm{Re} = Ub/(\eta/\rho)) \tag{2.22}$$

zeigt, dass alle im Datensatz U, ρ, η, l, b enthaltenen Einflussgrößen zur Beschreibung der Haltekraft genutzt werden. Das Ergebnis ist in der Tat die Präsentanz des Problems, der verwendete Datensatz offensichtlich vollständig. Mit der Ausnutzung der Schlankheit konnte die Reduktion von $N+1=6$ auf $p+1=2$ verbessert werden.

2.2 Industrielle Nutzung

Mit dem nun vorliegenden Kenntnisstand lassen sich die dimensionsfreien Π-Potenzprodukte problemlos ohne große Rechnung bestimmen, wenn nur der vollständige Datensatz vorliegt. Wir demonstrieren dies anhand des nächsten Beispiels, das charakteristisch einen Materialverschleiß (Bild 2.6) beschreibt, und zeigen zugleich die Möglichkeiten der industriellen Nutzung.

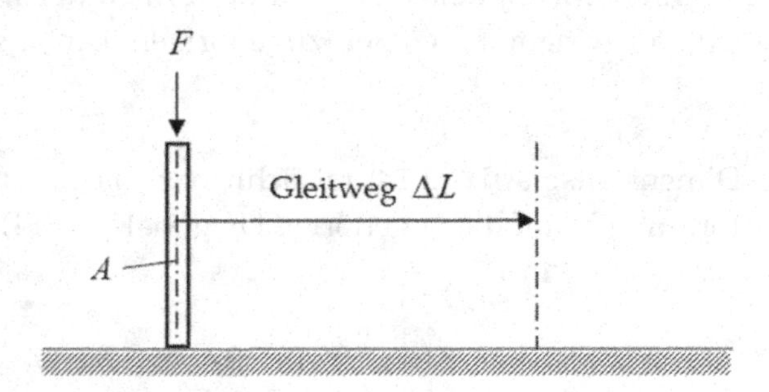

Bild 2.6 Materialverschleiß-Experiment

Beim Gleiten des mit der Kraft F auf eine harte Unterlage gepressten Stiftes mit der Druckfestigkeit σ_{DF} entsteht längs des Gleitwegs ΔL ein Verschleiß des Stiftmaterials um das Volumen ΔV.

Für die gesuchte Zielgröße ΔV kann somit unmittelbar (Bild 2.7) mit den Einflussgrößen $\Delta L, F, A, \sigma_{DF}$

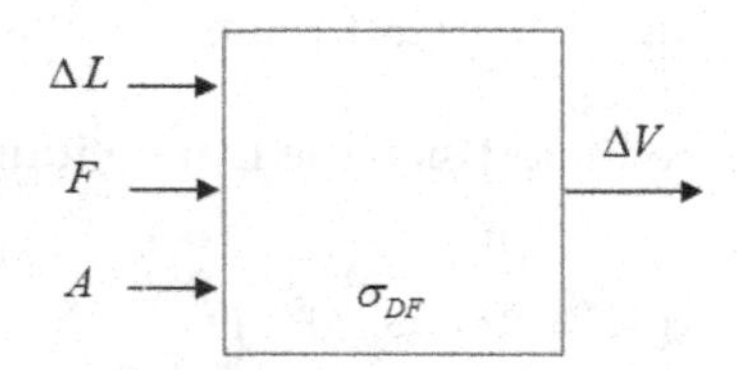

Bild 2.7 Dimensionsbehaftete systemtechnische Darstellung

die Beziehung

$$\Delta V = f(\Delta L, F, A, \sigma_{DF}) \tag{2.23}$$

und die zugehörige Dimensionsmatrix zur Kennzahlenbestimmung

$N+1 = 5$, $m = 3$ (2.24)

	ΔV	ΔL	F	A	σ_{DF}
L	3	1	1	2	−1
M	0	0	1	0	1
T	0	0	−2	0	−2

angeschrieben werden.

Als repräsentative Länge steht allein der Gleitweg $\Delta L^* = \Delta L$ zur Verfügung, der sowohl zu Entdimensionierung der Länge ΔL als auch der Fläche A genutzt werden kann. Durch die Entdimensionierung der Kraft mit $F^* = \sigma_{DF} A$ wird die Druckfestigekeit σ_{DF} des Materials ins Spiel gebracht.

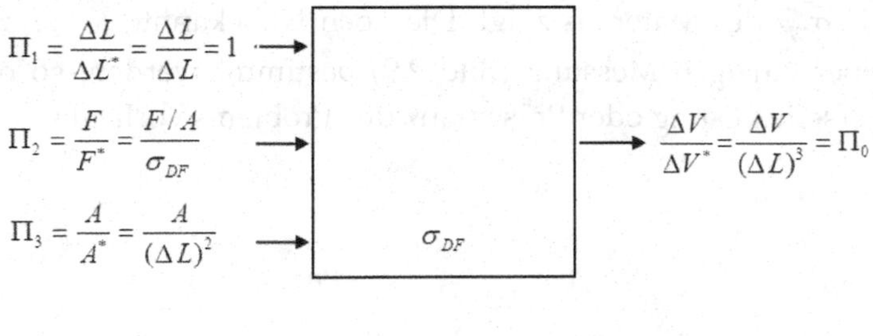

$$\Pi_1 = \frac{\Delta L}{\Delta L^*} = \frac{\Delta L}{\Delta L} = 1 \rightarrow$$

$$\Pi_2 = \frac{F}{F^*} = \frac{F/A}{\sigma_{DF}} \rightarrow$$

$$\Pi_3 = \frac{A}{A^*} = \frac{A}{(\Delta L)^2} \rightarrow$$

[Block: σ_{DF}] $\rightarrow \frac{\Delta V}{\Delta V^*} = \frac{\Delta V}{(\Delta L)^3} = \Pi_0$

Bild 2.8 Dimensionsfreie systemtechnische Darstellung

Das allein im Kontext mit der Dimensionsmatrix gefundene Ergebnis

$$\Pi_0 = \frac{\Delta V}{(\Delta L)^3} = G(\Pi_1 = 1,\ \Pi_2 = \frac{F/A}{\sigma_{DF}},\ \Pi_3 = \frac{A}{(\Delta L)^2}) = \widetilde{G}(\frac{F/A}{\sigma_{DF}}, \frac{A}{(\Delta L)^2}) \tag{2.25}$$

kann um den belastungsfreien Zustand $F \rightarrow 0$ entwickelt werden:

$$\Delta V = (\Delta L)^3 \left[\widetilde{G}(0, A/(\Delta L)^2) + \frac{\partial \widetilde{G}}{\partial \Pi_2}(0, A/(\Delta L)^2) \frac{F/A}{\sigma_{DF}} + \dots \right] \tag{2.26}$$

Dabei zeigt sich, dass mit $F \rightarrow 0$ und $\Delta V \rightarrow 0$ der erste Term der Entwicklung verschwindet. Mit $\widetilde{G}(0, A/(\Delta L)^2) = 0$ vereinfacht sich die Darstellung auf

$$\begin{aligned} \Delta V &= (\Delta L)^3 \left[\frac{\partial \widetilde{G}}{\partial \Pi_2}(0, A/(\Delta L)^2) \frac{F/A}{\sigma_{DF}} + \dots \right] \\ &= (\Delta L)^3\, G^{\bullet}(A/(\Delta L)^2) \frac{F/A}{\sigma_{DF}} + \dots \end{aligned} \tag{2.27}$$

und aus der in der Realität vorliegenden Proportionalität $\Delta V \sim \Delta L$ kann auf das Verhalten der Funktion $G^{\bullet} \sim A/(\Delta L)^2$ geschlossen werden. Wir erhalten so den Volumenverschleiß proportional zum Gleitweg

$$\Delta V = K \frac{F/A}{\sigma_{DF}} \cdot A \Delta L = K \frac{p}{\sigma_{DF}} A \Delta L \tag{2.28}$$

der auch die Abhängigkeit vom aufgeprägten Druck $p = F/A$ im Verhältnis zur Druckfestigekit σ_{DF} des Materials zeigt. Die noch Unbekannte K kann experimentell mit einer einzigen Messung (Bild 2.9) bestimmt werden, so dass mit (2.28) die universelle Lösung oder Präsentanz des Problems vorliegt.

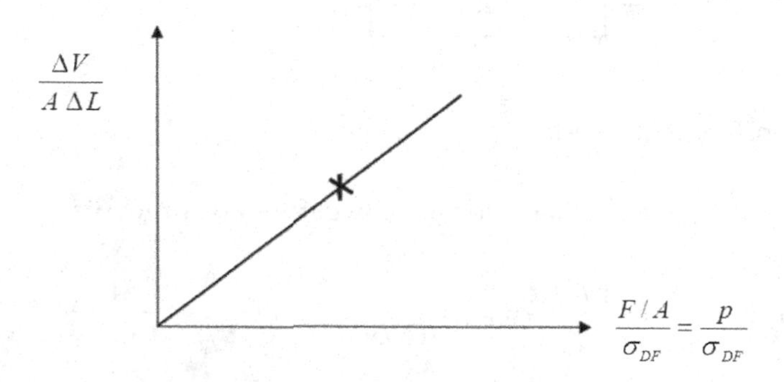

Bild 2.9 Universelle Darstellung des Verschleißexperiments

Mit der Entdimensionierung des Verschleißpoblems ist eine Reduzierung von $N+1=5$ dimensionbehafteten Größen ΔV, Δl, F, A, σ_{DF} (Anzahl der Spalten der Dimensionsmatrix) auf $p+1=3$ dimensionsfreie Größen Π_0, Π_2, Π_3 erreicht worden:

$$N+1=5 \quad \Leftrightarrow \quad p+1=3 \quad \rightarrow \quad r=N-p=2$$

Die Reduktion erfolgt nur um $r=2 < m=3$. Die Ursache für dieses Verhalten ist die lineare Abhängigkeit zwischen der 2. und 3. Zeile der Dimensionsmatrix (2.24). Durch Multiplikation der 2. Zeile mit -2 wird diese identisch mit der 3. Zeile. Es liegt hier ein singuläres Verhalten (Abschn. 4.5) vor, das die Reduktion einschränkt. Demgemäß ist auch die zugehörige mit Elementarumformungen anschreibbare Diagonalmatrix (2.29)

$$\begin{matrix} 1 & 0 & 0 & 0 & 0 \\ 0 & 1 & 0 & 0 & 0 \\ 0 & 0 & 0 & 0 & 0 \end{matrix} \tag{2.29}$$

nur vom Rang $r=2$.

Die vorgeführte heuristische Beschaffung der Kennzahlen ist intuitiv geprägt. Letztlich kann nur das Experiment intuitiv gefundene Ansätze und den verwendeten "Datensatz" und dessen Vollständigkeit rechtfertigen. Bei Nichtbestätigung sind die Überlegungen zu modifizieren. Insbesondere muss das Ergebnis "Zielgröße" alle Einflussgrößen enthalten, um tatsächlich die Präsentanz des Problems sein zu können.

In der Tat zeigen abrasive Verschleißprobleme der betrachteten Art die gefundene Gesetzmäßigkeit (2.28). Technologien dieser Art sind nur zeitfest, da der Volumenverschleiß mit der Zeit zunimmt. Etwa bei der Übertragung des Ergebnisses auf Gleitringdichtungen kann mit der Gleit- oder Umfangsgeschwindigkeit $\mathrm{v}=\Delta L/\Delta t$, dem Volumenverschleiß pro Zeit $\dot{V}=\Delta V/\Delta t$ und dem Anpressdruck der Dichtung $p=F/A$ der Zusammenhang

$$\frac{\Delta V}{\Delta t}=K\,\frac{\Delta L}{\Delta t}A\,\frac{F/A}{\sigma_{DF}} \quad \rightarrow \quad \dot{V}=K\,\mathrm{v}\,A\,\frac{p}{\sigma_{DF}} \tag{2.30}$$

angegeben werden, der sich auch in die in der Technik übliche Darstellung

$$p\,\mathrm{v}=\frac{\sigma_{DF}\,\dot{V}}{K\,A} \tag{2.31}$$

als Leistung/Fläche umformulieren lässt. Die noch nicht bestimmte Konstante K ist experimentell für eine konkrete Gleitringdichtung zu bestimmen.

In der bildlichen Darstellung des Anpressdrucks $p = F / A$ als Funktion der Gleit- oder Umfangsgeschwindigkeit v zeigt sich der typisch hyperbolische Verlauf $p \sim 1/\mathrm{v}$.

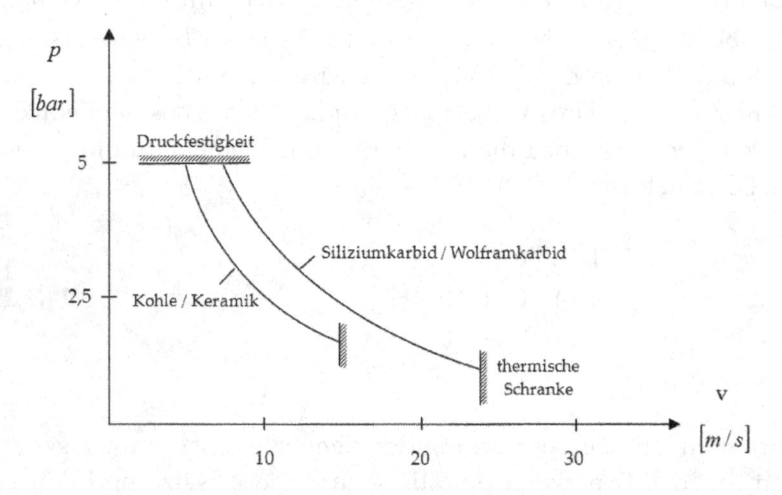

Bild 2.10 (p, v) - Bild typischer Gleitringdichtungen

Der zulässige Druck p ist durch die Druckfestigkeit des Materials und die realisierbare Umfangsgeschwindigkeit v durch die thermischen Eigenschaften der Materialien begrenzt.

2.3 Effizienz und Wirtschaftlichkeit

Aus Messungen und Betrachtungen der hier diskutierten Art gewinnt der Ingenieur seine Kenntnisse, um komplexe Bauteile und Maschinenanlagen konstruieren und auslegen zu können.

Durch die immer größer werdende Spezialisierung im Ingenieurwesen gehen innovative Denkweisen zunehmend verloren. Es werden zunehmend stupid Rechenprogramme eingesetzt.

Hier ist die Rückbesinnung zur kreativen Nutzung von selbsterstellten und damit auch verstandenen Grundlagen sinnvoll, mit denen auch die Effizienz und Wirtschaftlichkeit der Ingenieurarbeit verknüpft ist.

Wir zeigen dies am Beispiel des zuletzt behandelten Problems zur Berechnung des Volumenverschleißes

$$\Delta V = f(\Delta L, F, A, \sigma_{DF}) \tag{2.32}$$

mit den vier Einflussgrößen $\Delta L, F, A, \sigma_{DF}$.

Würde man ohne die auf der Grundlage der Dimensionshomogenität durchgeführte Strukturierung die Funktion (2.32) von vier Variablen experimentell bestimmen, so müssten bei $j = 10$ Messpunkten pro Variable dafür

$$z = j^N = 10^4 = 10\,000$$

Einzelmessungen durchgeführt werden.

Bei einer Messdauer von 1 Tag pro Messpunkt würde sich bei 200 Arbeitstagen pro Jahr der Zeitaufwand auf

10 000 Tage oder 50 Jahre

kumulieren und bei einem Kostensatz von 100 000 € pro Mannjahr Kosten in der Höhe von

5 Millionen €

entstehen.

Mit der Reduzierung um $r = 2$ allein mit Hilfe des Π-Theorems müssten nur noch zwei dimensionsfreie Variablen

$$\Pi_0 = \widetilde{G}\left(\Pi_2 = \frac{F / A}{\sigma_{DF}},\ \Pi_3 = \frac{A}{(\Delta L)^2} \right) \tag{2.33}$$

gemessen werden.

Die jetzt noch erforderlichen $z = j^p = 10^2 = 100$ Messungen könnten in 100 Arbeitstagen oder einem halben Jahr durchgeführt werden und nur noch Kosten von

50 000 €

verursachen.

Mit der Einarbeitung der zusätzlichen Informationen zur Ausschöpfung des Problems genügt schließlich eine einzige Messung, für die nur noch ein Zeitaufwand von 1 Tag und ein Kostenaufwand von 500 € entseht.

Der Aufwand wird durch die Nutzung des Π -Theorems um den Faktor 100 und bei zusätzlicher Ausschöpfung um den Faktor 10 000 reduziert.

Dieses Beispiel zeigt exemplarisch die Möglichkeiten, die für eine effiziente Ingenieursarbeit genutzt werden können. Dies erfordert allerdings die Intuition und die Kreativität der gestaltenden Ingenieure, die mit dem vorliegenden Buch neu geweckt oder wiederbelebt werden soll, damit die damit verknüpften Arbeitsweisen im Computerzeitalter nicht verloren gehen und deprimierende Technikszenarien wie etwa die in der fabelhaften Gestalt

… wenn wir in der Steinzeit schon Computer gehabt hätten,

hätten wir heute die exzellentesten Steinäxte, aber auch sonst nichts …

nicht real werden, die langfristig zu einer Technikunfähigkeit führen können.

3 Elementare Anwendungen

In den folgenden Beispielen wird aus pädagogischen Gründen ganz bewusst auf eine gleichartige Handhabung und Darstellung geachtet, damit die Beispiele für zukünftige Anwender als Leitschnur dienen können. Außerdem steht die Suche und das Auffinden der Struktur eines Problems im Vordergrund, die zur Beschreibung und zum Verstehen der jeweiligen Effekte wesentlich ist. Deshalb werden die betrachteten Probleme generalistisch und nicht fachspezifisch präsentiert. Zum Erkennen der Struktur ist ein Problem in seiner einfachsten Form ohne alle Schnörkel zu betrachten, die in allzu detaillierten fachspezifischen Betrachtungen verborgen bleiben. Im Anschluss an die in den Beispielen verwendeten Dimensionen L, M, T, Θ, I in den Bereichen Mechanik, Wärmetechnik und Elektrizität werden die zuletzt im SI-System eingeführten Dimensionen N, J für die Bereiche Chemie und Lichttechnik aufgezeigt.

3.1 Bewegung einer Masse infolge einer Kraft

Es wird die Bewegung einer Masse m untersucht, die durch eine auf diese Masse einwirkende konstante Kraft F verursacht wird.

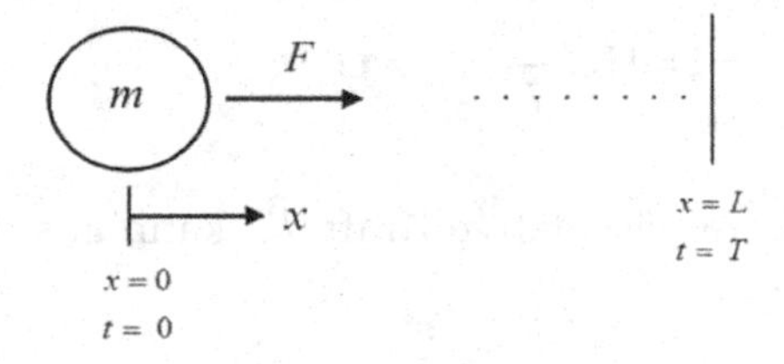

Bild 3.1 Auf Masse m einwirkende konstante Kraft F

Zur Beschreibung stehen die drei Dimensionen L, M, T mit den damit verknüpften Grundgrößen Meter (m), Masse (kg) und Zeit (s) zur Verfügung (Abschn. 1). Die dimensionsbehaftete systemtechnische Darstellung

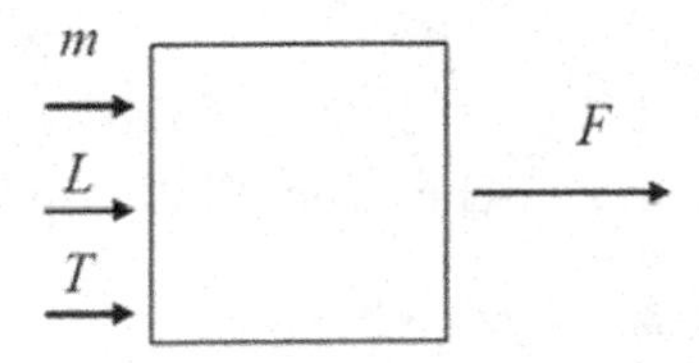

Bild 3.2 Dimensionsbehaftete systemtechnische Darstellung

mit der Kraft F als Zielgröße und der Masse m, der Länge L, der Zeit T als Einflussgrößen kann unmittelbar mit den zugehörigen repräsentativen Größen F^*, m^*, L^*, T^* in die dimensionsfreie Darstellung (Bild 3.3) zur Beschaffung der

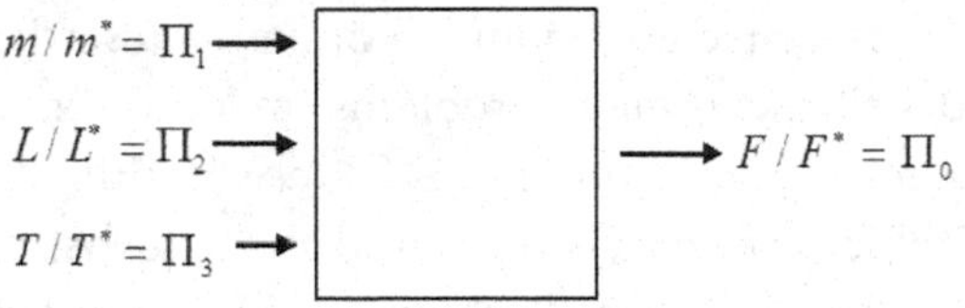

$$m / m^* = \Pi_1 \rightarrow,\quad L / L^* = \Pi_2 \rightarrow,\quad T / T^* = \Pi_3 \rightarrow \quad \boxed{} \quad \rightarrow F / F^* = \Pi_0$$

Bild 3.3 Dimensionsfreie systemtechnische Darstellung

dimensionsfreien Π -Produkte überführt werden.

Da jeweils nur eine einzige Masse m, eine einzige Länge L und eine einzige Zeit T existiert, sind diese Größen zugleich die repräsentativen Größen selbst

$$m = m^*, \quad L = L^*, \quad T = T^* \tag{3.1}$$

so dass sich sofort die identischen Π -Zahlen

$$\frac{m}{m*} = 1 = \Pi_1, \quad \frac{L}{L*} = 1 = \Pi_2, \quad \frac{T}{T*} = 1 = \Pi_3 \tag{3.2}$$

anschreiben lassen. Für die repräsentative Kraft F^* kann aus der Dimensionsmatrix

	F	m	L	T
L	1	0	1	0
M	1	1	0	0
T	−2	0	0	1

(3.3)

als einzig mögliche Kombination zwischen den Einflussgrößen m, L, T

$$F^* = m\ L\ /\ T^2 \tag{3.4}$$

abgelesen werden.

Explizit ergibt sich somit die dimensionsfreie Darstellung

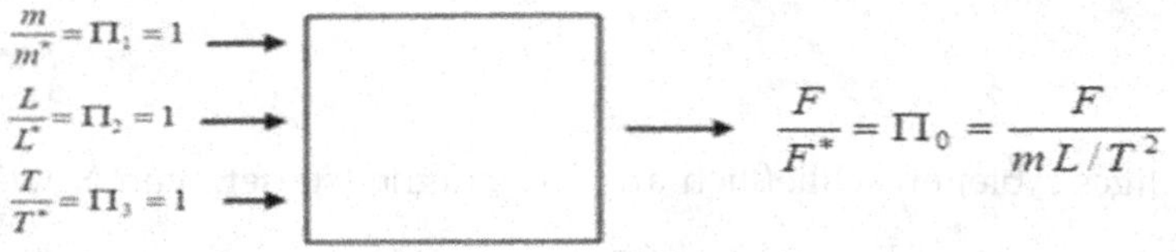

$\frac{m}{m^*} = \Pi_1 = 1$ →
$\frac{L}{L^*} = \Pi_2 = 1$ → [ ] → $\frac{F}{F^*} = \Pi_0 = \frac{F}{mL/T^2}$
$\frac{T}{T^*} = \Pi_3 = 1$ →

Bild 3.4 Dimensionfreie Darstellung mit Π -Produkten

$$\Pi_0 = \frac{F}{mL/T^2} = G(\Pi_1, \Pi_2, \Pi_3) \tag{3.5}$$

aus deren Verknüpfung (3.5) unter Beachtung der Funktion $G(\Pi_1, \Pi_2, \Pi_3)$, die mit $\Pi_1 = \Pi_2 = \Pi_3 = 1$ zu einer Konstanten K entartet, das Kraftgesetz

$$F = K\,\frac{mL}{T^2} \tag{3.6}$$

abgelesen werden kann, das als einzige Unbekannte noch die Konstante K enthält, die sich experimentell zu $K = 2$ ermitteln lässt.

Mit Hilfe der durchgeführten Strukturierung und der experimentellen Bestimmung einer einzigen Konstanten haben wir das Kraftgesetz

$$F = 2\,\frac{m\,L}{T^2} \tag{3.7}$$

finden können.

Denken wir uns die Länge L und die Zeit T mit $L := x$, $T := t$ wieder variabel, kann

$$F = 2m\,\frac{x}{t^2} \tag{3.8}$$

angeschrieben oder umgeformt nach x das Weg / Zeit - Gesetz

$$x = \frac{F}{2m} t^2 \tag{3.9}$$

angegeben werden, das durch Differenzieren nach der Zeit t auf das Geschwindigkeitsgesetz

$$\dot{x} = \frac{F}{m} t \tag{3.10}$$

und durch nochmaliges Ableiten schließlich auf das Trägheitsgesetz von Newton (1643-1727) führt:

$$\ddot{x} = \frac{F}{m} \quad \rightarrow m \ddot{x} = F \tag{3.11}$$

Zur Herleitung des Trägheitsgesetzes wurden keinerlei mechanische Vorkenntnisse benötigt. Dieses Ergebnis wurde allein durch Strukturieren erreicht. Für die noch offene Konstante genügt eine einzige Messung.

Das Experiment kann mit einer beliebigen Masse m durchgeführt werden. Hat der Experimentator eine Masse m ausgewählt, verhält sich diese wie eine konstante Stoffgröße oder wie ein fester Systemparameter. Dies führt auf eine weitere nutzbare Vereinfachung. Symbolisch ordnen wir die hier experimentell bedingt invariante Masse im Inneren des Systembilds als innere Eigenschaft des Systems an

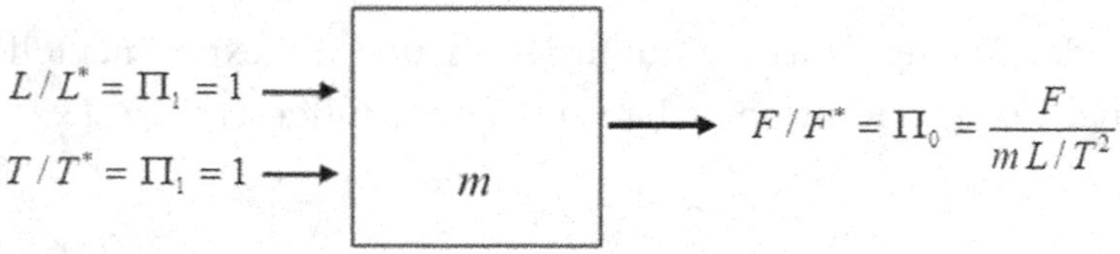

$L/L^* = \Pi_1 = 1 \rightarrow$

$T/T^* = \Pi_1 = 1 \rightarrow$

m

$\rightarrow F/F^* = \Pi_0 = \dfrac{F}{m L/T^2}$

Bild 3.5 Dimensionsfreie Darstellung mit Masse m als invariante Größe

so dass sich die Darstellung (3.5) unmittelbar auf

$$\Pi_0 = \frac{F}{m L/T^2} = G(L/L^* = 1,\ T/T^* = 1) \tag{3.12}$$

reduziert, aus der unter Beachtung der ebenfalls vereinfachten entarteten Funktion $G(1,1) = K$ mit $K = 2$ sich wiederum die Präsentanz

$$F = 2 \frac{m L}{T^2} \tag{3.13}$$

ergibt.

Die Strukturierung gelingt, wenn der Datensatz $X\{m, L, T\}$ vollständig ist. In den Π-Zahlen müssen notwendigerweise alle Größen dieses Datensatzes vertreten sein. Sowohl die Zielgröße als auch alle Einflussgrößen einschließlich invarianter Systemparameter müssen bei der Bildung der Π-Zahlen Eingang finden. Die Beachtung dieser Tatsache liefert letztlich Handlungsanweisungen zur Bildung der Π-Zahlen. Im hier betrachteten Beispiel kann die repräsentative Kraft F^* in der Tat mit den Einflussgrößen m, L, T gebildet werden. Dass diese Bildung gerade gelingt, ohne dass etwa eine der Einflussgrößen einschließlich invarianter Systemparameter bei dieser Bildung unberücksichtigt bleibt, zeigt, dass der verwendete Datensatz $X\{m, L, T\}$ in der Tat vollständig ist.

3.2 Kraft im Schwerefeld der Erde

Es wird die im Schwerefeld der Erde auf eine Masse m einwirkende Kraft F gesucht.

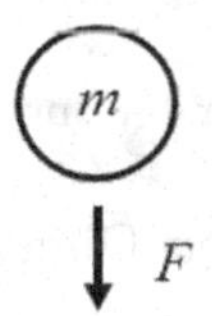

Bild 3.6 Auf Masse m im Schwerefeld einwirkende Kraft F

Die dimensionsbehaftete systemtechnische Darstellung

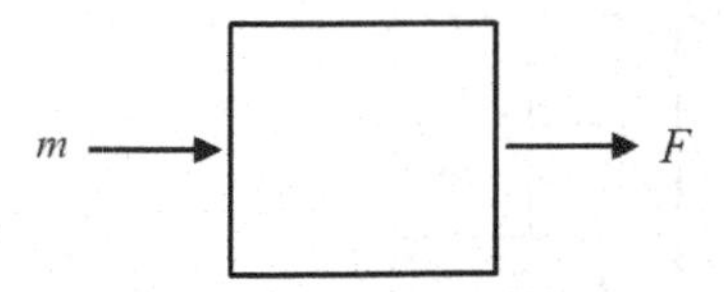

Bild 3.7 Auf Masse m im Schwerefeld einwirkende Kraft

mit der Kraft F als Zielgröße und der Masse m als einzige Einflussgröße zeigt in der zugehörigen Darstellung mit der Dimensionsmatrix

	F	m
L	1	0
M	1	1
T	-2	0

(3.14)

dass der Datensatz nicht vollständig sein kann. Es kann zwar die Masse mit sich selbst entdimensioniert, aber keine repräsentative Kraft F^* gebildet werden, um eine dimensionsfreie Kenngröße F/F^* für die systemtechnische dimensionsfreie Darstellung

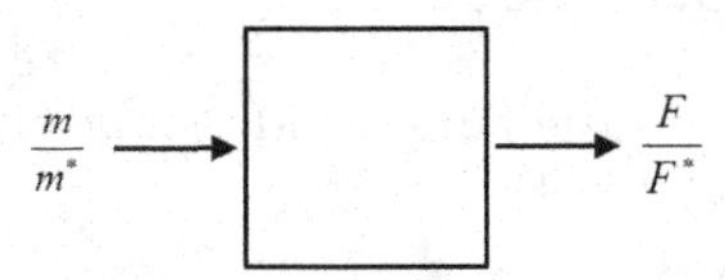

Bild 3.8 Dimensionsfreie systemtechnische Darstellung

finden zu können. Aus der unvollständigen Dimensionsmatrix erkennen wir, dass die zu ergänzende Größe von der Dimension $L^1 M^0 T^{-2} = L\,T^{-2}$ sein muss, um eine repräsentative Kraft F^* zur Entdimensionierung der Kraft F aufbauen zu können. Diese zu ergänzende systemeigene Größe ist offensichtlich die Erdbeschleunigung g. Mit dem so erweiterten Datensatz $X = \{m, g\}$ und der zugehörigen Dimensionsmatrix

	F	m	g
L	1	0	1
M	1	1	0
T	-2	0	−2

(3.15)

gelingt die Entdimensionierung mit den repräsentativen Größen

$$m^* = m\,,\quad F^* = m g \tag{3.16}$$

für die Masse und die Kraft. Da die Erdbeschleunigung in einem Experiment im Schwerefeld der Erde vom Experimentator nicht beeinflusst werden kann, hat diese die Eigenschaft wie eine invariante Stoffgröße. Wir ordnen deshalb aufgrund der Invarianz von g diese in der dimensionsfreien systemtechnischen Darstellung (Bild 3.9) im Inneren des Systembilds

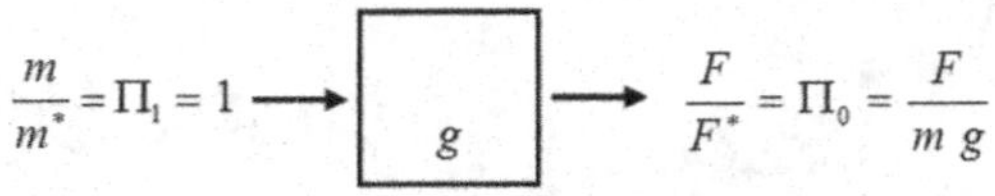

$$\frac{m}{m^*} = \Pi_1 = 1 \longrightarrow \boxed{\;g\;} \longrightarrow \frac{F}{F^*} = \Pi_0 = \frac{F}{m\,g}$$

Bild 3.9 Dimensionsfreie Darstellung

als innere Eigenschaft des Systems an, die damit als experimentelle Einflussgröße entfällt. Insgesamt kann dann

$$\Pi_0 = \frac{F}{m\,g} = G(\Pi_1 = 1) = K \tag{3.17}$$

abgelesen werden. Mit einem einzigen Experiment kann die noch offene Konstante zu $K = 1$ bestimmt werden, so dass sich als Präsentanz

$$F = G = m\,g \tag{3.18}$$

die Kraft als Schwerkraft offenbart.

Die einzige nichttriviale Π-Zahl $\Pi_0 = F/mg$ lässt sich mit den Größen F, m, g bilden, ohne dass eine dieser Größen dabei unberücksichtigt bleibt. Der um die Erdbeschleunigung konstruktiv ergänzte Datensatz $X = \{m,\, g\}$ ist offensichtlich vollständig.

3.3 Auftrieb eines Ballons im Schwerefeld der Erde

Es wird die Beschreibung für die Auftriebskraft F_A eines Ballons gesucht.

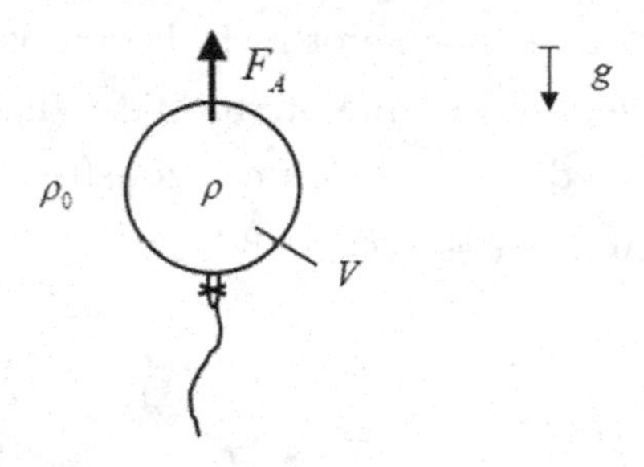

Bild 3.10 Auftriebskraft eines Ballons bei einer Dichte $\rho < \rho_0$

Ein Auftrieb ist nur im Schwerefeld möglich und kann sich nur bei einer Dichtedifferenz $\Delta\rho = \rho_0 - \rho > 0$ und einem Volumen $V > 0$ einstellen. In den Grenzfällen mit $g = 0$, $\rho = \rho_0$ und $V = 0$ verschwindet der Auftrieb.

Mit dem Datensatz $X = \{\Delta\rho, V, g\}$ und der nicht vom Experimentator beeinflussbaren Erdbeschleunigung g, die in der dimensionsbehafteten systemtechnischen Darstellung

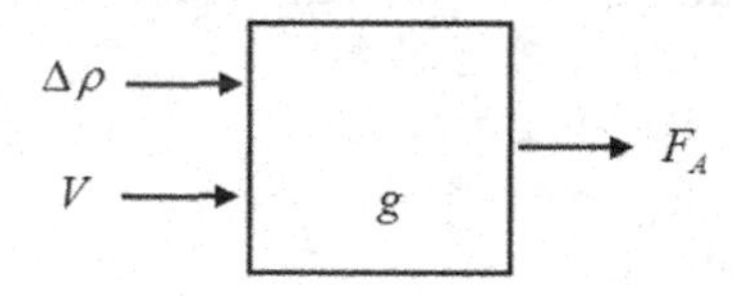

Bild 3.11 Auftriebskraft eines Ballons im Schwerefeld der Erde

wieder symbolisch im Systeminneren angeordnet ist, steht zur Entdimensionierung der Einflussgrößen nur das Ballonvolumen V und die Dichtedifferenz $\Delta\rho$ selbst zur Verfügung. Diese Größen sind deshalb zugleich die repräsentativen Größen $V^* = V$, $\Delta\rho^* = \Delta\rho$, so dass sich hieraus die trivialen Π-Zahlen

$$\Pi_1 = \frac{\Delta V}{\Delta V^*} = 1\,,\ \Pi_2 = \frac{\Delta \rho}{\Delta \rho^*} = 1 \qquad (3.19)$$

ergeben.

Aus der zugehörigen Dimensionsmatrix (3.20) mit der Zielgröße Auftriebskraft F_A, den Einflussgrößen Ballonvolumen V und auftriebserzeugende Dichtedifferenz $\Delta\rho$ sowie der invarianten Erdbeschleunigung g

	F_A	$\Delta\rho$	V	g
L	1	−3	3	1
M	1	1	0	0
T	−2	0	0	−2

(3.20)

kann dann die repräsentative Auftriebskraft $F^* = g\,\Delta\rho\,V$ abgelesen werden.

Explizit ergibt sich die dimensionsfreie Darstellung mit den Π-Produkten

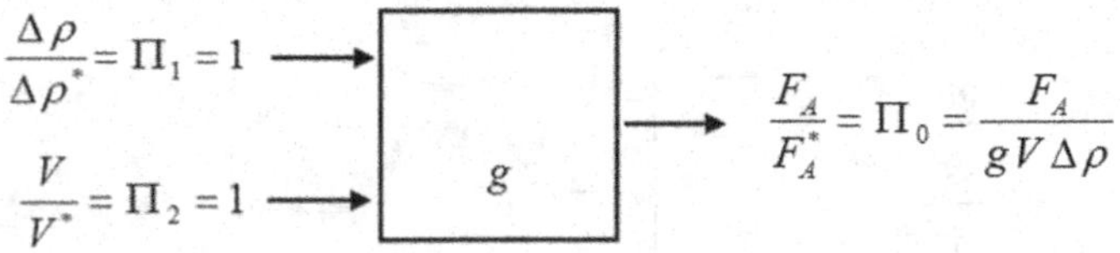

$$\frac{\Delta\rho}{\Delta\rho^*} = \Pi_1 = 1 \longrightarrow \quad \frac{V}{V^*} = \Pi_2 = 1 \longrightarrow \quad [\,g\,] \longrightarrow \frac{F_A}{F_A^*} = \Pi_0 = \frac{F_A}{g V \Delta\rho}$$

Bild 3.12 Dimensionsfreie Darstellung mit Π-Produkten

die auf den Zusammenhang

$$\Pi_0 = \frac{F_A}{g\,V\,\Delta\rho} = G\,(\Pi_1 = 1, \Pi_2 = 1) = K \qquad (3.21)$$

führt. Mit der im Experiment zu $K = 1$ bestimmbaren Konstanten erhalten wir schließlich als Präsentanz des Problems

$$F_A = g\,V\,\Delta\rho \qquad (3.22)$$

die Auftriebskraft eines Ballons. In der Präsentanz sind alle Einflussgrößen enthalten. Der Datensatz $X = \{\Delta\rho, V, g\}$ ist vollständig.

3.4 Freier Fall einer Masse im Schwerefeld der Erde

Es wird der freie Fall einer Masse ohne Widerstände im Schwerefeld der Erde untersucht.

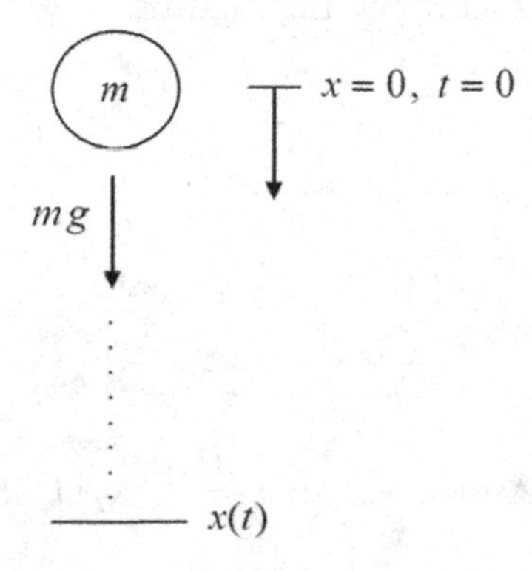

Bild 3.13 Auf Masse m einwirkende Schwerkraft $F = G = mg$

Die dimensionsbehaftete systemtechnische Darstellung

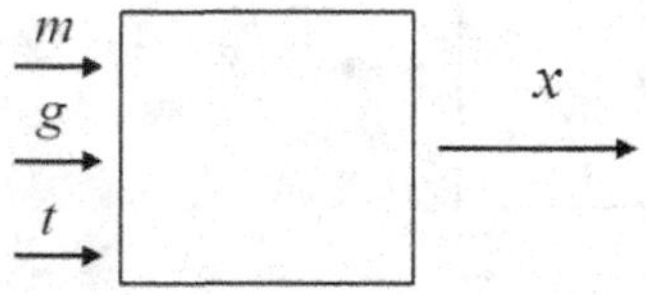

Bild 3.14 Dimensionsbehaftete systemtechnische Darstellung

mit dem von der Masse im freien Fall zurückgelegten Weg x als Zielgröße und den Einflussgrößen Masse m, Erdbeschleunigung g und variable Zeit t kann mit den zugehörigen repräsentativen Größen x^*, m^*, g^*, t^* in die dimensionsfreie Darstellung überführt werden.

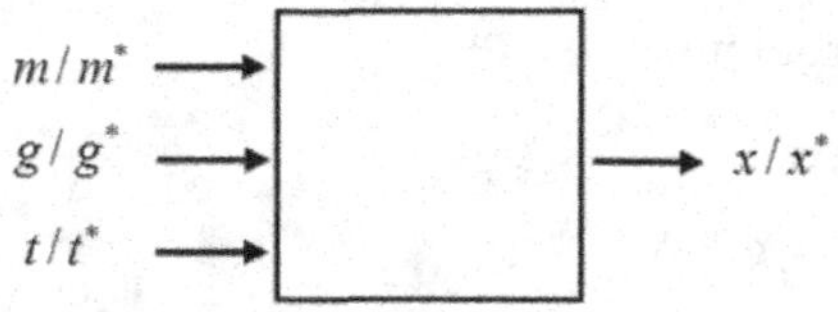

Bild 3.15 Dimensionsfreie systemtechnische Darstellung

Die zugehörige Dimensionsmatrix

	x	m	t	g
L	1	0	0	1
M	0	1	0	0
T	0	0	1	−2

(3.23)

zeigt, dass die Masse durch keine der zur Verfügung stehenden Größen dimensionsfrei gemacht werden kann. Daraus ist hier zu schließen, dass die Masse keine Einflussgröße des Systems sein kann. Dies ist der Grund für die bekannte Aussage, dass alle Körper beliebiger Masse gleich schnell fallen, wenn sonstige Gegenkräfte vernachlässigbar sind. Damit kann die Masse als Einflussgröße entweder gleich gestrichen oder aber nur mit sich selbst infolge Partnermangel entdimensioniert werden. Beide der in Bild 3.16 dargestellten Vorgehensweisen sind von gleicher Wirkung.

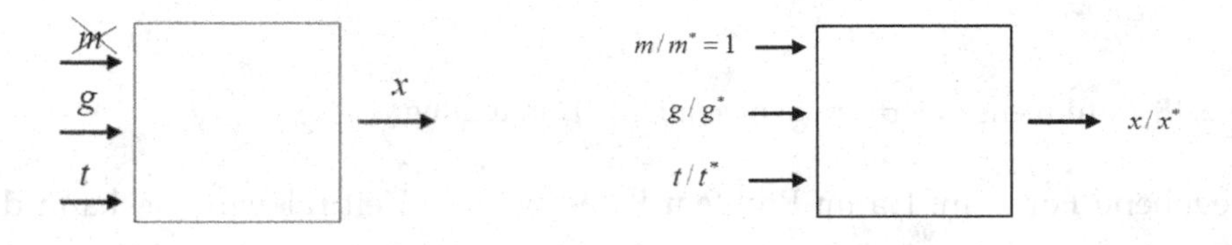

Bild 3.16 Systemtechnische Darstellung mit der Masse als Nicht-Einflussgröße

Durch Streichen der Masse reduziert sich der Datensatz auf $X = \{t, g\}$ und die Dimensionsmatrix nimmt die Darstellung (3.24) an.

	x	t	g
L	1	0	1
M	0	0	0
T	0	1	−2

(3.24)

Da ein Experimentator keinen Einfluss auf die Erdbeschleunigung g ausüben kann, ist auch diese keine explizite Einflussgröße, sondern verhält sich wie eine feste Stoffgröße oder wie ein sonstiger fester Systemparameter. Die dimensionsbehaftete systemtechnische Darstellung kann deshalb weiter vereinfacht werden

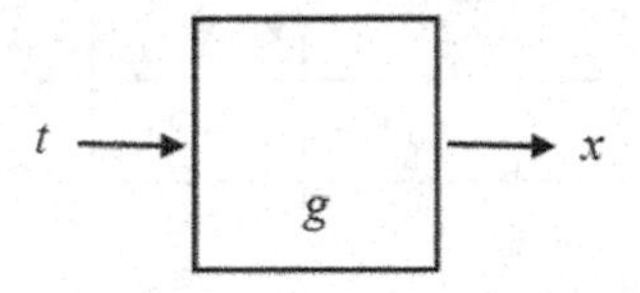

Bild 3.17 Systemtechnische Darstellung mit Erdbeschleunigung als invariante Größe

und die zugehörige entdimensionierte Darstellung nimmt die in Bild 3.18

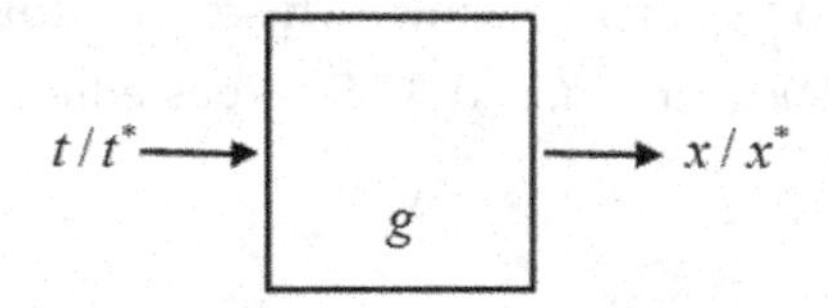

Bild 3.18 Entdimensionierte systemtechnische Darstellung

angegebene Form an. Da im Problem keine weitere Zeit relevant ist, kann die Zeit t nur mit sich selbst durch $t^* = t$ entdimensioniert werden und aus der vereinfachten Dimensionsmatrix (3.24) als repräsentative Darstellung des Weges $x^* = g\,t^2$ abgelesen werden.

Mit den so gewählten repräsentativen Größen t^* und x^* ergibt sich explizit die in Bild 3.19 dargestellte Situation

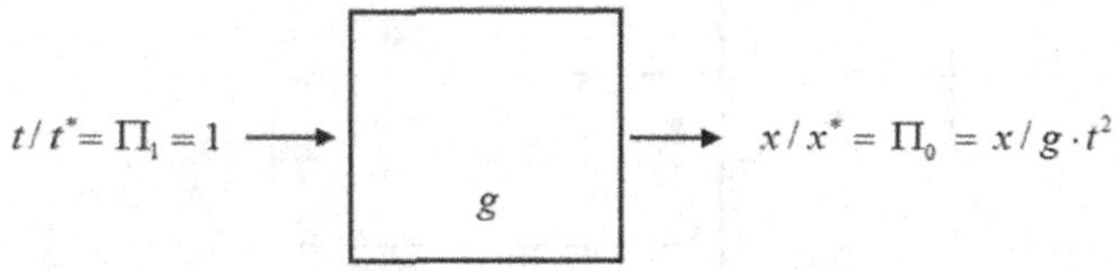

$t/t^* = \Pi_1 = 1$ → g → $x/x^* = \Pi_0 = x/g \cdot t^2$

Bild 3.19 Vereinfachte dimensionsfreie systemtechnische Darstellung

und es kann als Präsentanz

$$\Pi_0 = \frac{x}{g\,t^2} = G(\Pi_1 = 1) = K \tag{3.25}$$

angegeben werden. Damit ist das Fallgesetz

$$x = K\,g\,t^2 \tag{3.26}$$

bis auf eine im Experiment zu bestimmende Konstante mit $K = 1/2$ bekannt.

Durch Differenzieren des Fallgesetzes

$$x = \frac{1}{2}\,g\,t^2 \tag{3.27}$$

nach der Zeit ergibt sich die Geschwindigkeit der fallenden Masse

$$\dot{x} = g\,t \tag{3.28}$$

und bei nochmaliger Ableitung die Gleichung für die Beschleunigung

$$\ddot{x} = g \tag{3.29}$$

die multipliziert mit der Masse m dem Trägheitsgesetz von Newton

$$m\,\ddot{x} = m\,g \quad \rightarrow \; \ddot{x} = g \tag{3.30}$$

entspricht, in dem die Masse m im reibungsfreien Fall im Schwerefeld der Erde keinen Einfluss hat.

Zur Herleitung des Fallgesetzes (3.26) wurden wiederum keine mechanischen Vorkenntnisse benötigt. Das Ergebnis wurde durch Strukturieren und eine einzige Messung erreicht. Die einzige nichttriviale Π-Zahl $\Pi_1 = x / g t^2$ lässt sich mit den Größen x, g, t bilden, ohne dass eine dieser Größen dabei unberücksichtigt bleibt. Dieses zeigt wieder, dass der verwendete Datensatz offensichtlich vollständig ist.

3.5 Ausfluss aus einem Behälter

Es wird der Ausfluss einer Flüssigkeit aus einem Behälter betrachtet.

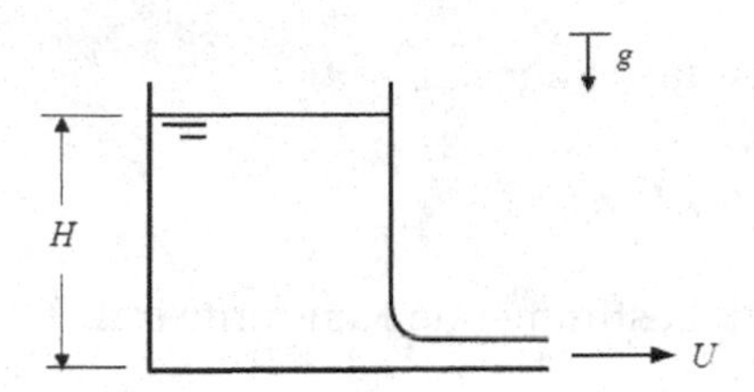

Bild 3.20 Ausfluss einer Flüssigkeit aus einem Behälter

Die vom Experimentator nicht zu beeinflussende Erdbeschleunigung g berücksichtigen wir wieder wie bereits zuvor als innere Eigenschaft des Systems und ordnen diese als invariante Größe in der systemtechnischen Darstellung im Inneren des Systembilds

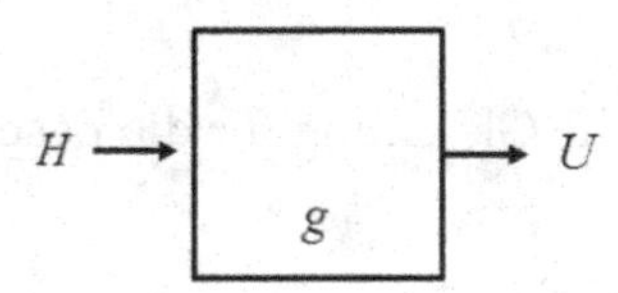

Bild 3.21 Dimensionsbehaftete systemtechnische Darstellung

an. Da als Länge allein die Füllhöhe H existiert, kann diese nur mit sich selbst entdimensioniert werden. Es gilt $H^* = H$ und aus der zugehörigen Dimensionsmatrix (3.31) mit der Ausflussgeschwindigkeit U als Zielgröße, der Einflussgröße Füllhöhe H und der systemeigenen invarianten Erdbeschleunigung g

	U	g	H
L	1	1	1
M	0	0	0
T	−1	−2	0

(3.31)

kann die Kombination zwischen den Einflussgrößen zur Bildung der repräsentativen Geschwindigkeit $U^* = \sqrt{g\,H}$ abgelesen werden. Damit erhalten wir die dimensionsfreie Darstellung

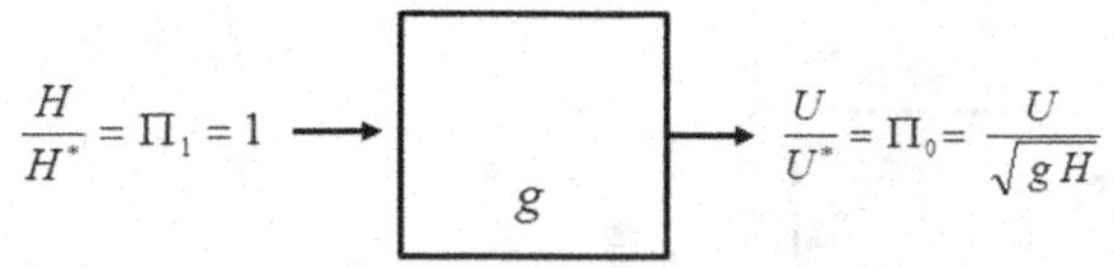

$$\frac{H}{H^*} = \Pi_1 = 1 \longrightarrow \boxed{g} \longrightarrow \frac{U}{U^*} = \Pi_0 = \frac{U}{\sqrt{g\,H}}$$

Bild 3.22 Dimensionsfreie Darstellung mit Π -Produkten

aus der sich die einfache Verknüpfung der Π - Zahlen

$$\Pi_0 = \frac{U}{\sqrt{g\,H}} = G(\Pi_1 = 1) = K \tag{3.32}$$

ergibt. Mit der im Experiment zu $K = \sqrt{2}$ bestimmbaren Konstanten erhalten wir als Präsentanz des Problems

$$U = \sqrt{2\,g\,H} \tag{3.33}$$

die Ausflussgeschwindigkeit aus einem Behälter ohne Strömungsverluste, die auch als Ausflussformel von Torricelli (1608-1647) bekannt ist.

Die im Schwerefeld ausströmenden Flüssigkeitsteilchen verhalten sich wie Massen im freien Fall. Das Verhalten ist unabhängig von der Masse bzw. der Masse pro Volumen der Flüssigkeitsteilchen.

3.6 Energieabschöpfung mit einem Windrad

Für ein Windrad, das mit der Windgeschwindigkeit U angeströmt wird und die Fläche A überstreicht, ist der Zusammenhang zur Beschreibung der Leistung P gesucht.

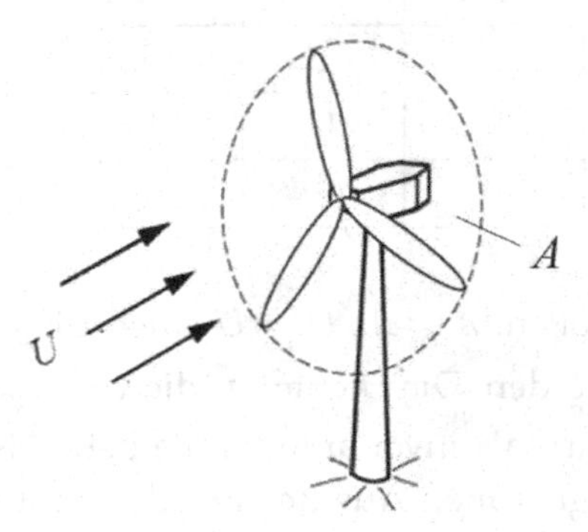

Bild 3.23 Windrad

Ausgehend von der dimensionsbehafteten Darstellung

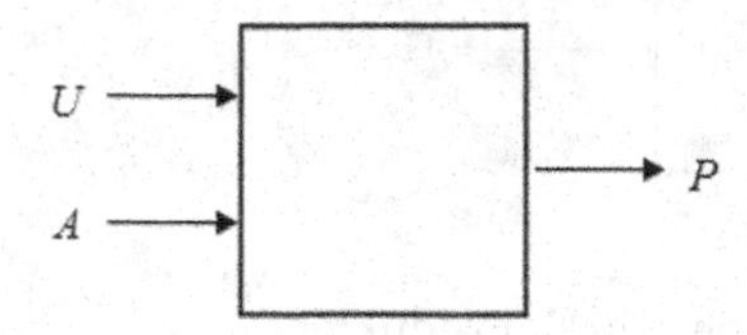

Bild 3.24 Dimensionsbehaftete systemtechnische Darstellung

zeigt die zugehörige Dimensionsmatrix

	P	A	U
L	2	2	1
M	1	0	0
T	−3	0	1

(3.34)

dass mit den Einflussgrößen $X = \{U, A\}$ keine repräsentative Leistung P^* gebildet werden kann, da sowohl U als auch A kein Anteil der Dimension M eigen ist.

Der Datensatz muss wiederum um eine Stoffgröße ergänzt werden. In diesem Fall ist es die Dichte ρ der Luft. Mit der um die Dichte ergänzten Einflussgrößen $X = \{U, A, \rho\}$ kann jetzt unter Beachtung der zugehörigen Dimensionsmatrix

	P	A	U	ρ
L	2	2	1	−3
M	1	0	0	1
T	−3	0	1	0

(3.35)

mit den repräsentativen Größen $A^* = A,\ U^* = U$ auch die repräsentative Leistung $P^* = \rho A U^3$ gebildet werden. Die Dichte ρ, die vom Experimentator nicht beeinflusst werden kann, wird als invariante Größe behandelt und deshalb im Inneren des Systembilds angeordnet. Aus der mit den repräsentativen Größen darstellbaren dimensionsfreien Darstellung

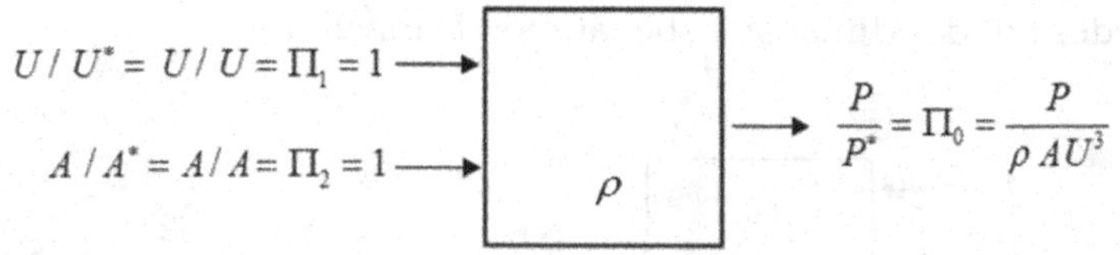

$U/U^* = U/U = \Pi_1 = 1$

$A/A^* = A/A = \Pi_2 = 1$

ρ

$\frac{P}{P^*} = \Pi_0 = \frac{P}{\rho A U^3}$

Bild 3.25 Dimensionsfreie Darstellung mit Π -Produkten

können wir den Zusammenhang

$$\Pi_0 = \frac{P}{\rho A U^3} = G(\Pi_1 = 1, \Pi_2 = 1) = K \qquad (3.36)$$

ablesen. Mit der Konstanten K, die im günstigsten Fall der Hälfte des Ausbeutekoeffizienten $C_B = 16/27$ nach Betz bei einem Wirkungsgrad bei $\eta = 8/9$ entspricht [18], kann dann die Präsentanz

$$P = C_B \, \rho A U^3 / 2 \qquad (3.37)$$

angegeben werden. Im Ergebnis sind alle Einflussgrößen enthalten.

3.7 Wärmeleitung in einem Stab

Mit dem jetzt vorliegenden thermischen Problem kommt zusätzlich die Dimension Θ ins Spiel. Insgesamt sind bei einem thermischen Problem vier Dimensionen L, M, T, Θ mit den damit verknüpften Grundgrößen Meter (m), Masse (kg), Zeit (s) und Temperatur (K) zu beachten (Abschn. 1).

Auf der Suche nach der Darstellung für die übertragbare Wärmeleistung $\dot{Q}$ mit einem Stab vom Querschnitt A und der Länge L, dem an den Stabenden zwei unterschiedliche Temperaturen aufgeprägt werden

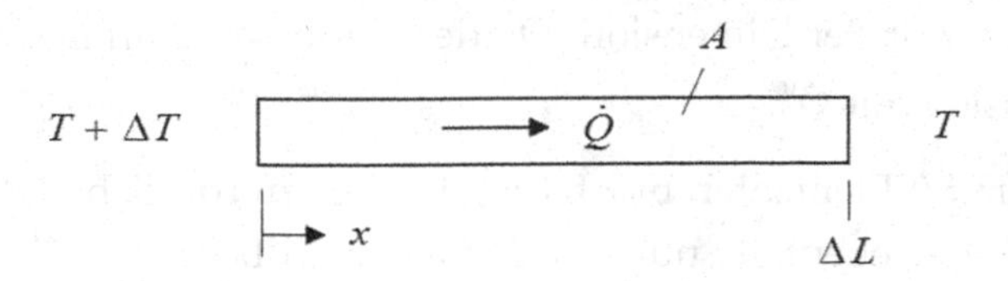

Bild 3.26 Wärmeleistung $\dot{Q}$ infolge einer aufgeprägten Temperaturdifferenz ΔT

starten wir wieder mit der dimensionsbehafteten Darstellung

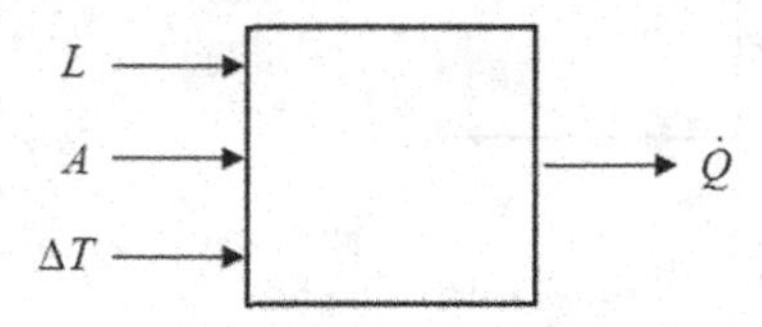

Bild 3.27 Dimensionsbehaftete systemtechnische Darstellung

deren zugehörige Dimensionsmatrix (3.38) uns zeigt, dass der verwendete Datensatz nicht vollständig sein kann.

	$\dot{Q}$	A	ΔT	L	
L	2	2	0	1	→ 1
M	1	0	0	0	→ 1
T	−3	0	0	0	→ −3
Θ	0	0	1	0	→ −1

(3.38)

Mit den Einflussgrößen $A, \Delta T, L$ kann keine repräsentative Wärmeleistung gebildet werden.

Da sich das konstruktive Erkennen der Dimensionen der gesuchten Größe hier nicht ad hoc wie bei den vorausgegangenen einfacheren Beispielen ablesen lässt, wird dies hier exemplarisch detailliert aufgezeigt.

Mit der gesuchten Größe muss sich in Verbindung mit den übrigen Einflussgrößen $A, \Delta T, L$ in der Dimensionsmatrix (3.38) eine repräsentative Leistung der Dimension $L^2 M^1 T^{-3} \Theta^0$ darstellen lassen.

Aus der 4. Zeile der unvollständigen Dimensionsmatrix (3.38) erkennt man, dass die gesuchte Größe die Dimension Θ^{-1} enthalten muss, denn nur dann ergibt sich zusammen mit der Dimension Θ^1 der Temperaturdifferenz ΔT die erforderliche Dimension mit Θ^0.

Da die 3. Zeile nur mit 0 Elementen besetzt ist, ist die erforderliche Dimension T^{-3} ebenso wie aus der ebenfalls nur mit 0 Elementen besetzten 2. Zeile die erforderliche Dimension M^1 für die einzuführende Größe abzulesen.

Aus der 1. Zeile kann schließlich mit der experimentell leicht überprüfbaren Proportionalität hinsichtlich der Querschnittsfläche des Stabs ($\dot{Q} \sim A$) und des aufgeprägten Temperaturgradienten ($\dot{Q} \sim \Delta T / L$) die erforderliche Dimension L^1 abgelesen werden, so dass sich insgesamt die Dimension der gesuchten Größe zu $L^1 M^1 T^{-3} \Theta^{-1}$ ergibt.

Die fehlende Größe ist die Wärmeleitfähigkeit λ des zur Herstellung des Stabs verwendeten Materials. Mit dem so auf $X = X\{A, \Delta T, L, \lambda\}$ erweiterten Datensatz, dem die zugehörige erweiterte Dimensionsmatrix

	$\dot{Q}$	A	ΔT	L	λ
L	2	2	0	1	1
M	1	0	0	0	1
T	−3	0	0	0	−3
Θ	0	0	1	0	−1

(3.39)

zugeordnet ist, kann mit den repräsentativen Größen $L^* = L$, $A^* = A$, $\Delta T^* = \Delta T$ und der systemeigenen Wärmeleitfähigkeit λ die repräsentative Wärmeleistung $\dot{Q}^* = \lambda A \, \Delta T / L$ gebildet werden.

Aus der so gewonnenen dimensionsfreien systemtechnischen Darstellung

$L / L^* = \Pi_1 = 1$ →
$A / A^* = \Pi_1 = 1$ →
$\Delta T / \Delta T^* = \Pi_1 = 1$ →
λ
→ $\dfrac{\dot{Q}}{\dot{Q}^*} = \Pi_0 = \dfrac{\dot{Q}}{\lambda A \Delta T / L}$

Bild 3.28 Dimensionsfreie systemtechnische Darstellung

kann der Zusammenhang

$$\Pi_0 = \frac{\dot{Q}}{\lambda A \Delta T / L} = G(\Pi_1 = 1, \Pi_2 = 1, \Pi_3 = 1) = K \tag{3.40}$$

entnommen und mit der im Experiment zu $K = 1$ bestimmbaren Konstanten die die Präsentanz des Wärmeleitproblems

$$\dot{Q} = \lambda A \Delta T / L \tag{3.41}$$

gefunden werden, die als das Gesetz von Fourier (1768-1830) bekannt ist. Alle Einflussgrößen des Datensatzes $\{A, \Delta T, L, \lambda\}$ sind in der Präsentanz enthalten.

3.8 Erwärmung eines strömenden Fluids

Beim Durchströmen eines beheizten Rohres wird ein Fluid erwärmt. Es ist der Zusammenhang der Temperaturerhöhung ΔT in Abhängigkeit vom Massenstrom $\dot{m}$ des Fluids und der insgesamt über das Rohr aufgeprägten Heizleistung $\dot{Q}$ zu finden.

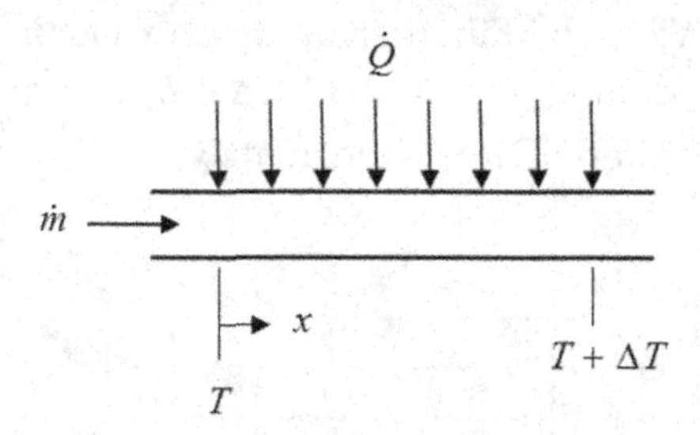

Bild 3.29 Erwärmung eines durch ein Rohr strömenden Fluids

Wiederum ausgehend von der dimensionsbehafteten Darstellung mit der Zielgröße ΔT und dem Datensatz der Einflussgrößen $X = \left\{ \dot{Q}, \dot{m} \right\}$

Bild 3.30 Dimensionsbehaftete systemtechnische Darstellung

zeigt die Betrachtung der zugehörigen Dimensionsmatrix

	ΔT	$\dot{Q}$	$\dot{m}$
L	0	2	0
M	0	1	1
T	0	−3	−1
Θ	1	0	0

(3.42)

dass der verwendete Datensatz nicht vollständig ist. Es kann mit den Einflussgrößen $\dot{Q}, \dot{m}$ keine repräsentative Temperaturdifferenz gebildet werden.

Für eine verschwindende Heizleistung $\dot{Q} \rightarrow 0$ ergibt sich ebenso wie für einen unbegrenzten Massenstrom $\dot{m} \rightarrow \infty$ keine Erwärmung. Hieraus folgt und kann leicht experimentell nachgewiesen werden, dass sich die Erwärmung proportional zur Heizleistung und umgekehrt proportional zum Massenstrom verhält.

Aus der unvollständigen Dimensionsmatrix (3.42) kann konstruktiv die Dimension der fehlenden Größe zu $L^2 M^0 T^{-2} \Theta^{-1}$ entnommen werden, mit der die Bildung der repräsentativen Temperaturdifferenz gelingt. Diese fehlende Größe ist hier die materialspezifische Wärmeleitfähigkeit c der Flüssigkeit.

	ΔT	$\dot{Q}$	$\dot{m}$	c
L	0	2	0	2
M	0	1	1	0
T	0	−3	−1	−2
Θ	1	0	0	−1

(3.43)

Mit der nun zusätzlich zu den trivialen repräsentativen Größe $\dot{Q}^* = \dot{Q}$ und $\dot{m}^* = \dot{m}$ auch verfügbaren Größe für die repräsentative Temperaturdifferenz $\Delta T^* = \dot{Q}/\dot{m}c$ kann die dimensionsfreie Darstellung formuliert werden

$$\frac{\dot{Q}}{\dot{Q}^*} = \Pi_1 = 1 \rightarrow \qquad \frac{\dot{m}}{\dot{m}^*} = \Pi_2 = 1 \rightarrow \quad \boxed{c} \quad \rightarrow \frac{\Delta T}{\Delta T^*} = \Pi_0 = \frac{\Delta T}{\dot{Q}/\dot{m}c}$$

Bild 3.31 Dimensionsfreie systemtechnische Darstellung

und der Zusammenhang

$$\Pi_0 = \frac{\Delta T}{\dot{Q}/\dot{m}c} = G(\Pi_1 = 1, \Pi_2 = 1) = K \tag{3.44}$$

angegeben werden. Mit der im Experiment zu $K = 1$ bestimmbaren Konstanten erhält man

$$\Delta T = \frac{\dot{Q}}{\dot{m}c} \tag{3.45}$$

als Präsentanz zur Beschreibung der Temperaturerhöhung eines strömenden und beheizten Fluids, die alle Einflussgrößen einschließlich der systemeigenen spezifischen Wärmekapazität beinhaltet.

3.9 Strömung in einem am Fußpunkt beheizten Kamin

In einem beheizten Kamin stellt sich eine freie Konvektionsströmung ein.

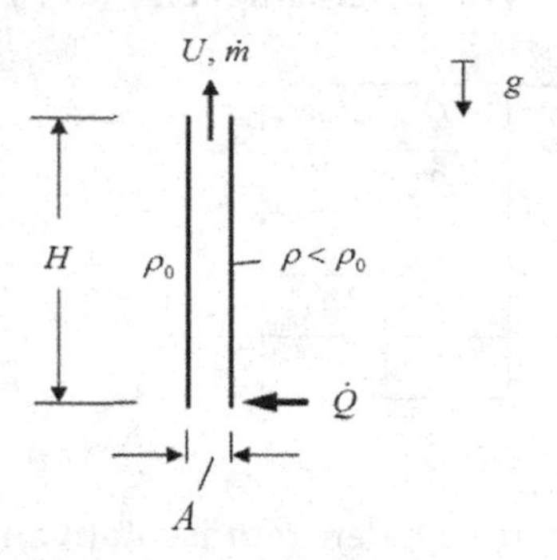

Bild 3.32 Kamin mit Fußpunktbeheizung

Zur Beschreibung des Massenstroms $\dot{m}$ kann das zuvor gewonnene Wissen zur Erwärmung eines Fluids (Abschn. 3.8) genutzt werden. Durch die bausteinhafte Nutzung bereits bekannter Erkenntnisse lässt sich der Aufwand zum Auffinden komplizierter Zusammenhänge reduzieren. Das hier vorliegende Problem kann auf die zusätzliche Betrachtung der sich im Kamin der Höhe H einstellenden mittleren Geschwindigkeit U infolge der am Fußpunkt durch die Beheizung aufgeprägten Dichtedifferenz $\Delta\rho$ reduziert werden.

Mit der zugehörigen dimensionsbehafteten Darstellung

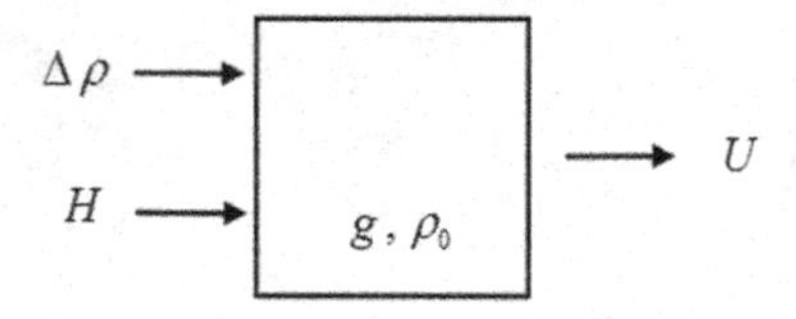

Bild 3.33 Dimensionsbehaftete systemtechnische Darstellung

und der zugehörigen Dimensionsmatrix

	U	H	g	$\Delta\rho$	ρ_0
L	1	1	1	−3	−3
M	0	0	0	1	1
T	−1	0	−2	0	0

(3.46)

kann mit den repräsentativen Größen $\Delta\rho^* = \rho_0$ $H^* = H$ die dimensionsfreie Darstellung gefunden

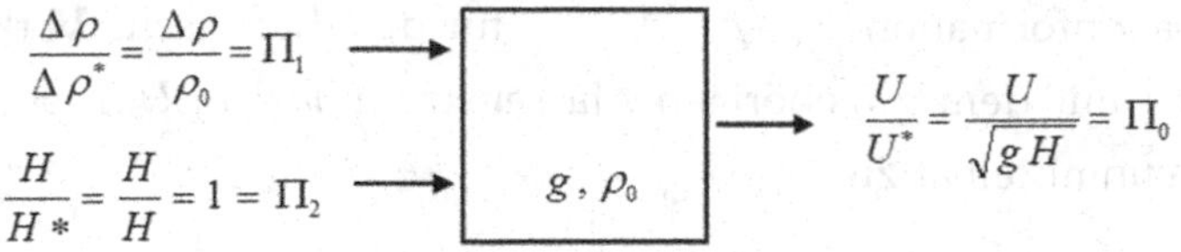

$$\frac{\Delta\rho}{\Delta\rho^*} = \frac{\Delta\rho}{\rho_0} = \Pi_1 \longrightarrow \qquad \frac{H}{H*} = \frac{H}{H} = 1 = \Pi_2 \longrightarrow \qquad \boxed{g,\ \rho_0} \longrightarrow \frac{U}{U^*} = \frac{U}{\sqrt{gH}} = \Pi_0$$

Bild 3.33 Dimensionsfreie systemtechnische Darstellung

und der Zusammenhang

$$\Pi_0 = \frac{U}{\sqrt{gH}} = G(\Pi_1 = \frac{\Delta\rho}{\rho_0},\ \Pi_2 = 1) \tag{3.47}$$

abgelesen werden, der vereinfacht geschrieben auf die Darstellung

$$U^2 = gH \cdot \widetilde{G}(\Pi_1 = \frac{\Delta\rho}{\rho_0}) \tag{3.48}$$

führt, die noch weiter vereinfacht werden kann. Dazu setzen wir eine schwache Beheizung voraus, der geringe Dichtereduzierungen $\Delta\rho/\rho_0 << 1$ entsprechen, so dass die noch unbekannte Funktion $\widetilde{G}(\Delta\rho/\rho_0)$ entwickelt werden kann:

$$\widetilde{G}(\frac{\Delta\rho}{\rho_0}) = \widetilde{G}(0) + \widetilde{G}'(0)\frac{\Delta\rho}{\rho_0} + \ldots \tag{3.49}$$

$$\text{mit} \quad \widetilde{G}(0) = 0, \quad \widetilde{G}'(0) = K$$

Die Konstante K kann im Experiment zu $K = 2$ ermittelt werden. Für die sich im Kamin einstellende Strömungsgeschwindigkeit folgt somit der Zusammenhang

$$U = \sqrt{2gH\frac{\Delta\rho}{\rho_0}} \tag{3.50}$$

als Präsentanz des Kaminproblems, die sich als dichtemodifizierte Torricelli-Ausflussformel offenbart.

Die am Fußpunkt zugeführte Heizleistung $\dot{Q}$ kann mit der in Abschn. 3.8 gewonnen Verknüpfung

$$\dot{Q} = \dot{m} c_p \Delta T \tag{3.51}$$

und der Zusatzinformation $\Delta \rho / \rho_0 = \Delta T / T_0$ für das thermische Verhalten eines idealen Gases mit dem zugehörigen Massenstrom $\dot{m} = \rho_0 \, U \, A$ bei schwacher Beheizungen unmittelbar zu

$$\dot{Q} = \frac{1}{2gH} \frac{c_P T_0}{\rho_0^2 A^2} \dot{m}^3 \tag{3.52}$$

angegeben werden [19].

3.10 Spannung und Strom am elektrischen Widerstand

Es wird ein elektrischer Widerstand R betrachtet und der Zusammenhang zwischen dem sich einstellenden Strom I bei einer aufgeprägten elektrischen Spannung U gesucht.

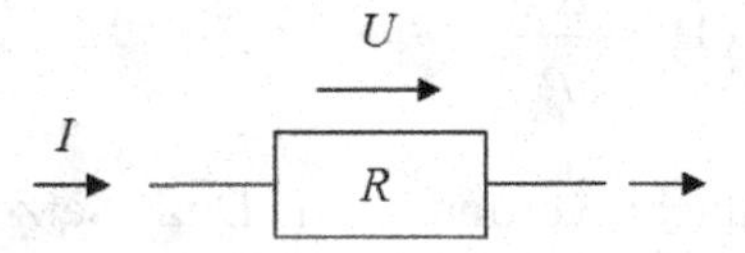

Bild 3.34 Strom I infolge einer aufgeprägten elektrischen Spannung U

Mit dem jetzt vorliegenden elektrischen Problem kommt zusätzlich die Dimension I ins Spiel. Insgesamt sind bei elektrischen Problemen vier Dimensionen L, M, T, I mit den damit verknüpften Grundgrößen Meter (m), Masse (kg), Zeit (s) und Strom in Ampere (A) zu beachten (Abschn. 1).

Wiederum ausgehend von der dimensionsbehafteten Darstellung mit dem im Experiment invarianten und deshalb symbolisch im Systeminneren angeordneten Widerstand R

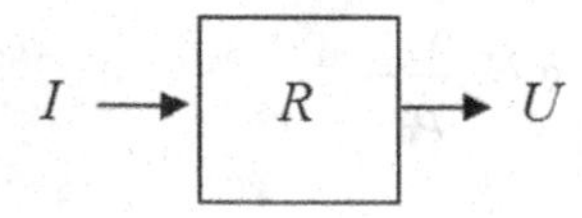

Bild 3.35 Dimensionsbehaftete systemtechnische Darstellung

der als Systemeigenschaft den Datensatz $X = \{I, R\}$ so ergänzt, dass mit Hilfe der zugehörigen Dimensionsmatrix

	U	I	R
L	2	0	2
M	1	0	1
T	−3	0	−3
I	−1	1	−2

(3.53)

und den repräsentativen Größen $I^* = I$ und $U^* = RI$ die Entdimensionierung gelingt, kann die dimensionsfreie systemtechnische Darstellung

$$\frac{I}{I^*} = 1 = \Pi_1 \longrightarrow \boxed{R} \longrightarrow \frac{U}{U^*} = \frac{U}{RI} = \Pi_0$$

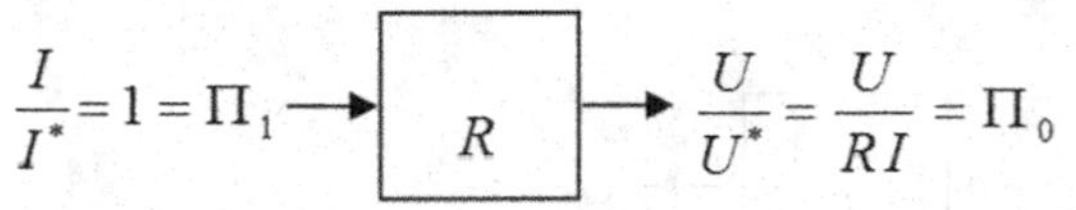

Bild 3.36 Dimensionsfreie systemtechnische Darstellung

gewonnen und der Zusammenhang zwischen den Π-Zahlen

$$\Pi_0 = \frac{U}{R\,I} = G(\Pi_1 = 1) = K \tag{3.54}$$

angegeben werden.

Mit der experimentell ermittelbaren Konstanten vom Wert $K = 1$ ergibt sich dann die Präsentanz

$$U = RI \tag{3.55}$$

die wir als das Gesetz von Ohm (1789–1854) kennen.

3.11 Heizen mit einem elektrischen Widerstand

Mit einem stromdurchflossenen ohmschen Widerstand kann die elektrische Energie in Wärmeenergie umgewandelt werden. Der Zusammenhang zwischen der Wärmeleistung $\dot{Q}$ und dem den Widerstand R durchfließenden Strom I ist darzustellen.

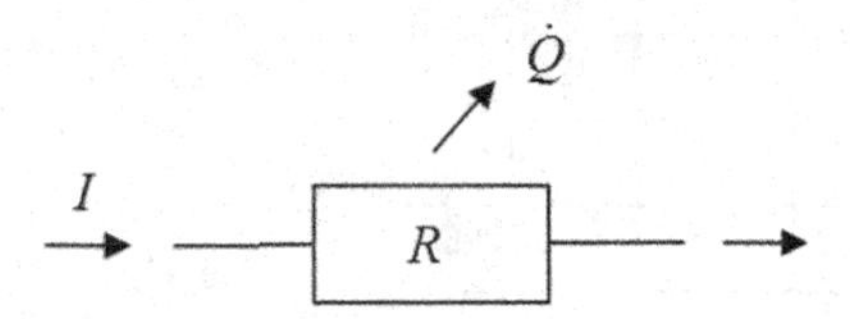

Bild 3.37 Umwandlung elektrischer Energie in Wärmeenergie

Mit der dimensionbehafteten Darstellung des Problems

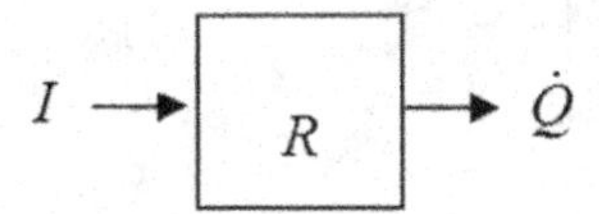

Bild 3.38 Dimensionsbehaftete systemtechnische Darstellung

und der zugehörigen Dimensionsmatrix

	$\dot{Q}$	I	R
L	2	0	2
M	1	0	1
T	−3	0	−3
I	0	1	−2

(3.56)

kann unter Beachtung des ohmschen Widerstand R als systemspezifische invariante Größe mit den repräsentativen Größen $I^* = I$ für den Strom und $\dot{Q}^* = R I^2$ für die dimensionsfreie Wärmeleistung die dimensionsfreie Darstellung

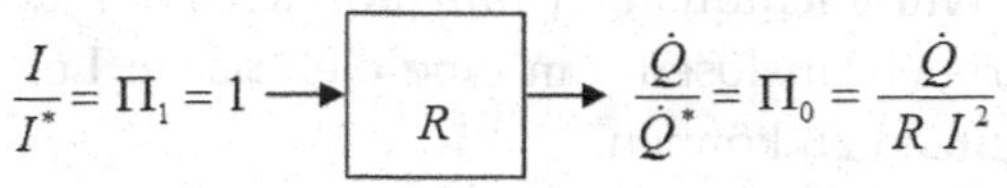

$$\frac{I}{I^*} = \Pi_1 = 1 \longrightarrow \boxed{R} \longrightarrow \frac{\dot{Q}}{\dot{Q}^*} = \Pi_0 = \frac{\dot{Q}}{R\,I^2}$$

Bild 3.39 Dimensionsfreie systemtechnische Darstellung

gefunden werden, die auf den Zusammenhang

$$\Pi_0 = \frac{\dot{Q}}{R\,I^2} = G(\Pi_1 = 1) = K \tag{3.57}$$

führt. Mit der im Experiment zu $K = 1$ bestimmbaren Konstanten erhält man die Präsentanz

$$\dot{Q} = R\,I^2 \tag{3.58}$$

des Problems, das wir als das Gesetz zur Stromwärme von Joule (1818-1899) kennen.

3.12 Energieabschöpfung mit einer Solarzelle

Das auf eine Solarzelle einfallende Licht wird mit dem photoelektrischen Effekt in die elektromagnetische Energie Strom umgewandelt.

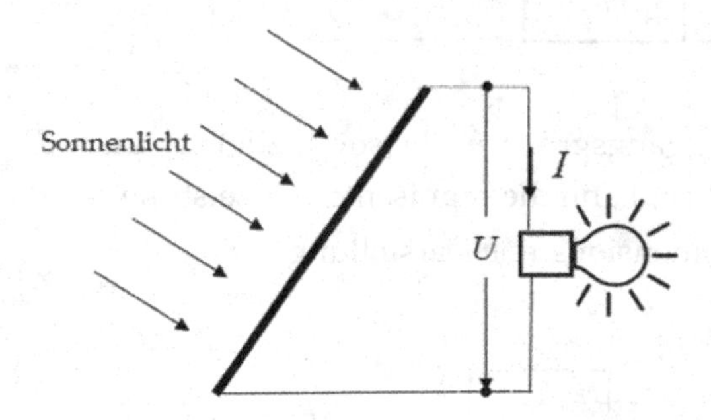

Bild 3.40 Photoelektrischer Effekt

Beim photoelektrischen Effekt tritt Licht in Wechselwirkung mit der Materie. Die Energie wird in Portionen übergeben, die nach Einstein deshalb Lichtquanten genannt werden. Nur Lichtquanten mit hinreichender Energie können in einem Material Elektronen auslösen, um eine elektrische Leistung durch Einstrahlung von Licht nutzen zu können.

In der dimensionsbehafteten systemtechnischen Darstellung mit den einfallenden Lichtquanten pro Zeit $\dot{n}$, die eine hinreichend materialabhängige Energie E_G zum Auslösen von Elektronen aufweisen, kann die elektrische Leistung P generiert werden. Die vom Experimentator nicht beeinflussbare Auslöseenergie E_G ordnen wir wieder symbolisch im Systeminneren der dimensionsbehafteten Darstellung an.

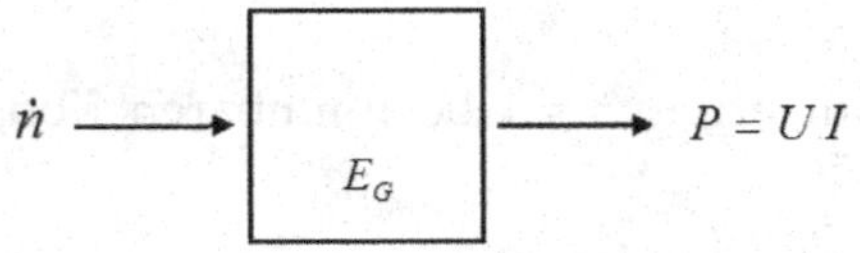

$$\dot{n} \longrightarrow \boxed{E_G} \longrightarrow P = U\,I$$

Bild 3.41 Dimensionsbehaftete systemtechnische Darstellung

Mit Hilfe der zugehörigen Dimensionsmatrix

	$P = U\,I$	$\dot{n}$	E_G
L	2	0	2
M	1	0	1
T	-3	−1	−2
A	0	0	0

(3.59)

mit der hier einzigen Eingangsgröße $\dot{n}$, die somit zugleich auch die repräsentative Größe $\dot{n}^* = \dot{n}$ selbst ist, kann die repräsentative Leistung zu $P^* = \dot{n}\,E_G$ kombiniert und damit die dimensionsfreie Darstellung

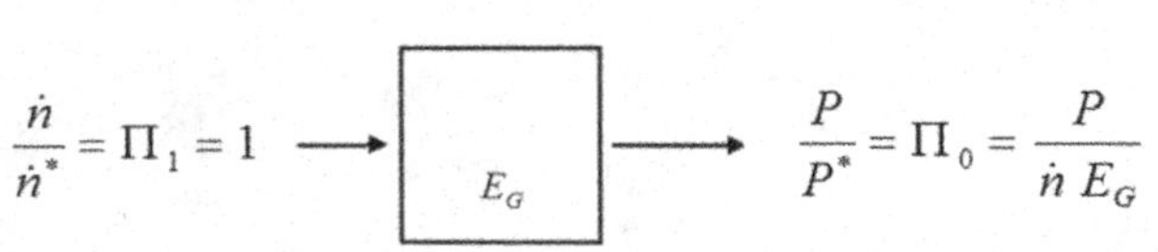

$$\frac{\dot{n}}{\dot{n}^*} = \Pi_1 = 1 \longrightarrow \boxed{E_G} \longrightarrow \frac{P}{P^*} = \Pi_0 = \frac{P}{\dot{n}\,E_G}$$

Bild 3.42 Dimensionsfreie systemtechnische Darstellung

gefunden werden. Aus der so erhaltenen Verknüpfung der beiden Π - Zahlen

$$\Pi_0 = \frac{P}{\dot{n}\, E_G} = G(\Pi_1 = 1) = K \qquad (3.64)$$

kann mit der experimentell zu bestimmenden Konstanten K, die im günstigsten Fall dem Ausbeutekoeffizienten C_B in Analogie zu der Abschöpfung der Windenergie (Abschn. 3.6) entspricht, hier die Präsentanz

$$P = C_B\, \dot{n}\, E_G \qquad (3.65)$$

angegeben werden. Im Ergebnis sind alle Einflussgrößen enthalten.

Auffällig ist, dass im Ergebnis zur Beurteilung der Abschöpfung der elektromagnetischen Strahlungsenergie Licht und deren Umwandlung in Strom die Grundgröße der Elektrizität Ampere nicht sichtbar wird. Die 4. Zeile der Dimensionsmatrix (3.59) ist nur mit 0 Elementen besetzt. Dies ist der Fall, da sich durch die Beschreibung der elektrischen Leistung P mit dem Produkt UI die Stromstärke Ampere gerade heraushebt.

	$P = UI$	U	I
L	2	2	0
M	1	1	0
T	−3	-3	0
A	0	-1	1

(3.66)

Hintergrund ist die Gleichwertigkeit von elektrischer und mechanischer Energie, die nach einer jahrhundertelangen Suche mit dem Internationalen Einheitensystems erreicht wurde. Die mechanische Energie kann mit der elektrischen Energie

$$Nm = Ws \qquad (3.67)$$

gleichgesetzt werden. Unabhängig von der Art wird die Leistung allein durch die mechanischen Dimensionen L, M, T oder die zugehörigen Grundeinheiten kg, m, s dargestellt:

$$W = \frac{N\, m}{s} = kg^1 m^2 s^{-3} \qquad (3.68)$$

Die rein elektrischen Größen wie Spannung U, Widerstand R, Kapazität C, Induktivität L sind dagegen sowohl von den mechanische Dimensionen

L, M, T mit den Einheiten m, kg, s als auch der elektrischen Dimension I mit der Einheit A geprägt:

	U	R	C	L
L	2	2	−2	2
M	1	1	−1	1
T	−3	−3	4	−2
I	−1	−2	2	−2

(3.69)

3.13 Chemische Reaktionen

Durch chemische Reaktionen lassen sich Stoffe in andere Stoffe mit neuen Eigenschaften umwandeln. Aus miteinander wechselwirkenden Substanzen werden neue Produkte. Diese Wechselwirkungen sind aber über die Gesetze der Stöchiometrie mit fest definierten Mengenverhältnissen verknüpft, die sich mit dem Mol als Maß für die Stoffmenge beschreiben lassen. Mit der Einführung der Dimension N verknüpft mit der Grundeinheit *mol* wurde das Internationale Einheitensystem (Abschn. 1) auf Anwendungen im Bereich der Chemie erweitert.

Beispielhaft wird die in Bild 3.43 dargestellte Reaktion von Wasserstoff mit Sauerstoff mit dem Produkt Wasser betrachtet.

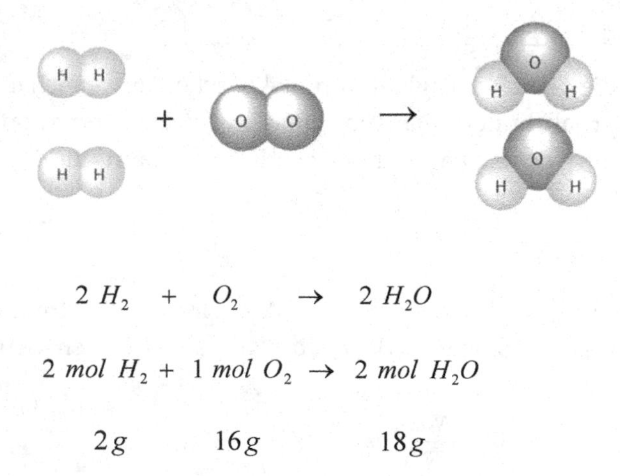

Bild 3.43 Reaktion von Wasserstoff und Sauerstoff mit dem Produkt Wasser

2 Moleküle Wasserstoff (H_2) und ein Molekül Sauerstoff (O_2) verbinden sich als Produkt zu 2 Molekülen Wasser (H_2O). Dabei ist der zugehörige Zahlenwert der Masse eines Mols identisch mit der Molekülmasse dieses Stoffes. Bei der Reaktion geht keine Masse verloren und es kommt auch keine Masse hinzu. Die Massenerhaltung und die Dimensionshomogenität ist auch bei chemischen Reaktionen stets erfüllt.

Letztlich wird mit der Einführung der Dimension N verknüpft mit der Grundeinheit *mol* das stöchiometrische Verhalten der an chemischen Reaktionen beteiligten Stoffe beachtet und die Bilanzierung kann damit anschaulich gestaltet werden. Zukünftig wird das Mol im Zusammenhang mit der Avogadro Konstante k_A unabhängig vom Kilogramm definiert werden.

3.14 Lichttechnik

Eine Lichtquelle strahlt das Licht (Bild 3.44) nicht nach allen Seiten gleichmäßig ab. Diese Richtungsabhängigkeit wurde bei der Einführung der Dimension J für die Lichtstärke mit der Grundeinheit Candela (cd) in das Internationale Einheitensystem (Abschn. 1) berücksichtigt.

Bild 3.44 Lichtquelle mit richtungsabhängiger Ausstrahlung

Candela (cd) ist die Einheit, die den Lichtstrom beschreibt, der von einer monochromatische Strahlungsquelle ausgesendet wird, die über die Anregungszustände des menschlichen Auges für Tag- und Nachtsehen definiert wird, deren Strahlungsstärke pro Raumwinkel in Watt gemessen wird.

Über die Darstellung in Watt ($W = kg^1 m^2 s^{-3}$) ist das Candela mit den mechanischen L, M, T- Systemen verknüpft, die wiederum mit elektrischen Systemen kompatibel sind (Abschn. 3.12).

Mit der Einführung der Dimension J mit der Grundeinheit cd wurde das Internationale Einheitensystem auch auf die Anwendungen im Bereich der Lichttechnik erweitert (Abschn. 1).

Die in der Lichttechnik verwendeten üblichen Größen Lumen und Lux lassen sich in Candela umrechnen.

3.15 Natürliche Vermehrung

Zur Beschreibung biologischer Effekte genügen die Dimensionen des Internationalen Einheitensystems. Die Einführung einer zusätzlichen Dimension ist nicht erforderlich.

Beispielhaft betrachten wir das Problem der natürlichen Vermehrung. Dazu wird der Zusammenhang zwischen dem Wachstum pro Zeit $\dot{x}$ eines Kollektivs mit der Anzahl der zeitlich zugehörigen Mitglieder x gesucht. In der dimensionsbehafteten systemtechnischen Darstellung mit der zugeordneten Dimensionsmatrix

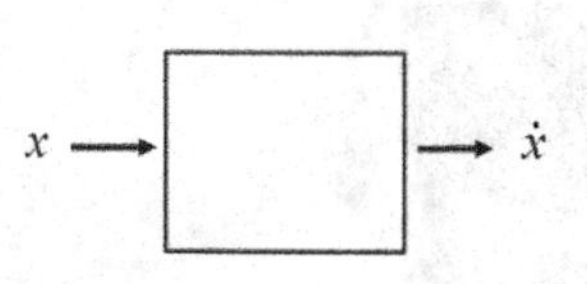

	$\dot{x}$	x
L	0	0
M	0	0
T	−1	0

Bild 3.45 Dimensionsbehafte systemtechnische Darstellung und Dimensionsmatrix

erkennen wir, dass die Einflussgröße x mit sich selbst entdimensioniert werden kann, für die Zielgrößegröße $\dot{x}$ aber keine geeignete repräsentative Größe $\dot{x}^*$ zur Verfügung steht. Es ist deshalb wieder eine systemspezifische Zusatzgröße einzuführen. Mit der um diese Zusatzgröße k erweiterten Dimensionsmatrix,

	$\dot{x}$	x	k
L	0	0	0
M	0	0	0
T	-1	0	-1

(3.70)

kann mit $x^* = x$ und $\dot{x}^* = k\,x$ die entdimensionierte Darstellung

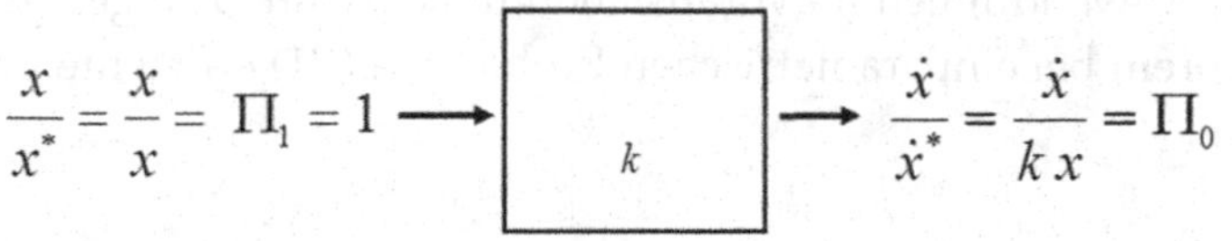

$$\frac{x}{x^*} = \frac{x}{x} = \Pi_1 = 1 \longrightarrow \boxed{k} \longrightarrow \frac{\dot{x}}{\dot{x}^*} = \frac{\dot{x}}{k\,x} = \Pi_0$$

Bild 3.46 Dimensionsfreie systemtechnische Darstellung

gefunden werden und der Zusammenhang

$$\Pi_0 = \frac{\dot{x}}{k\,x} = G(\Pi_1 = 1) = K \tag{3.71}$$

abgelesen werden.

Das Wachstum $\dot{x}$ eines Kollektivs ist somit proportional zur Anzahl der zeitlich zugehörigen Mitglieder x

$$\dot{x} = \widetilde{k}\,x \tag{3.72}$$

und der noch zu bestimmenden Parameter $\widetilde{k}$ von der Dimension T^{-1} wird experimentell durch Beobachtung des Kollektivs gefunden, der in der Populationstheorie als Vermehrungsrate bekannt ist.

Durch Integration kann schließlich explizit die zeitliche Entwicklung des Kollektivs mit

$$x = x_0\, e^{\widetilde{k}\,t} \tag{3.73}$$

bei Beachtung der Anfangsbedingung $x(0) = x_0 > 0$ angegeben werden. Die Präsentanz (3.73) enthält alle Einflussgrößen.

4 Effizienz der Π-Theorem Methodik

Die elementaren Anwendungen im voranstehenden Abschn. 3 zeigen, dass sich mit dem Π-Theorem bei einparametrischen Problemen (P1) effiziente Ergebnisse erzielen lassen.

4.1 P1 - Probleme

P1-Probleme zeichnen sich dadurch aus, dass die Präsentanz jeweils als Verknüpfung

$$\Pi_0 = G(\Pi_1) \tag{4.1}$$

von nur zwei Π-Kennzahlen gefunden werden kann, die nur noch die experimentelle Bestimmung einer einzigen Konstanten oder einer einzigen Funktion erfordert.

Im Fall des Haltekraftproblems für die schlanke ($b/l \ll 1$) tangential angeströmte Platte (Abschn. 2.1) wurde die entdimensionierte Darstellung

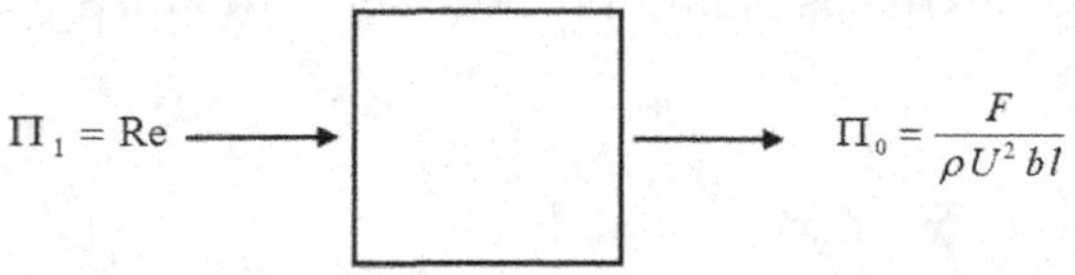

$$\Pi_1 = \mathrm{Re} \longrightarrow \boxed{} \longrightarrow \Pi_0 = \frac{F}{\rho U^2 b l}$$

Bild 4.1 Dimensionsfreie systemtechnische Darstellung

zur Beschreibung der Haltekraft mit einer monotonen Funktion gefunden, die sich mit wenigen Messpunkten und einem Kurvenlineal effektiv darstellen lässt.

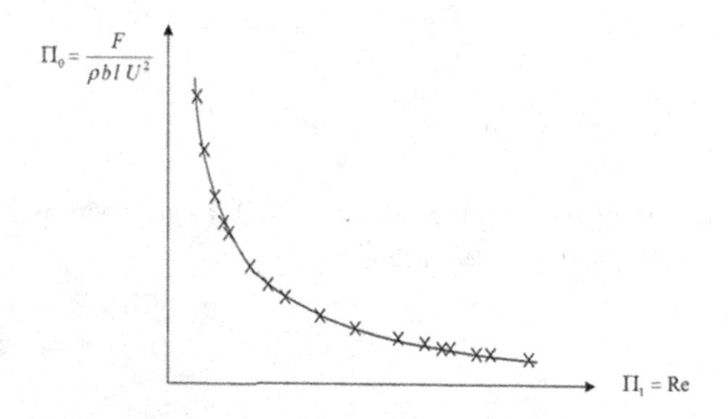

Bild 4.2 Monotones Verhalten der Funktion $\Pi_0 = G(\Pi_1)$

Monotones Verhalten liegt hier stets vor, wenn die partiellen Ableitungen der beiden Kennzahlen Π_0 und Π_1 nicht verschwinden.

Für die in die implizite Form umgeschriebene Funktion

$$\Pi_0 = G(\Pi_1) \qquad \rightarrow \qquad H(\Pi_0, \Pi_1) = 0 \tag{4.2}$$

kann durch implizites Differenzieren die Ableitung

$$\frac{d\Pi_0}{d\Pi_1} = -\frac{\partial H / \partial \Pi_1}{\partial H / \partial \Pi_0} \tag{4.3}$$

dargestellt werden, die stets montones Verhalten zeigt, wenn die partiellen Ableitungen

$$\frac{\partial H}{\partial \Pi_0} \neq 0 \ , \ \frac{\partial H}{\partial \Pi_1} \neq 0 \tag{4.4}$$

nicht verschwinden.

Bei Nichterfüllung der Bedingung (4.4) geht die Monotonieeigenschaft für die experimentell zu bestimmende Funktion $\Pi_0 = G(\Pi_1)$ verloren.

Eine nicht-monotone Funktion kann nur mit einem erhöhten Messaufwand beschafft werden. Die Technik des Kurvenlineals versagt. Die Hilfe des Π-Theorems reicht nicht aus. Es sind zusätzliche Aktionen erforderlich, um den Messaufwand wieder auf ein überschaubares Maß reduzieren zu können.

Ein Problem mit Monotonieverlust liegt bei der Ermittlung der Haltekraft einer umströmten Kugel vor, das hier stellvertretend behandelt wird.

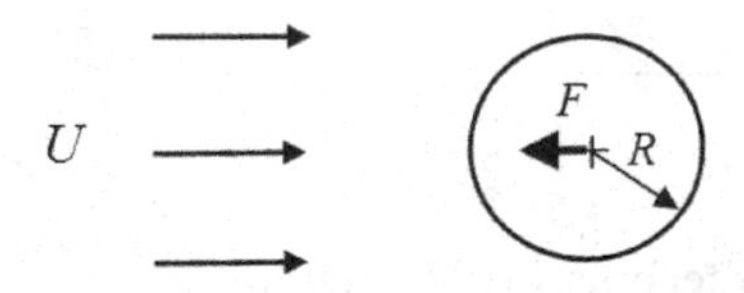

Bild 4.3 Haltekraft F für umströmte Kugel

Umfangreiche Messungen (Bild 4.4) zeigen, dass sich der Widerstand einer Kugel mit zunehmender Anströmung zunächst kontinuierlich auf einen konstanten Wert reduziert, dann in einem beschränkten Anströmungsbereich nochmals massiv abfällt, um dann asymptotisch auf einen konstanten Wert anzusteigen.

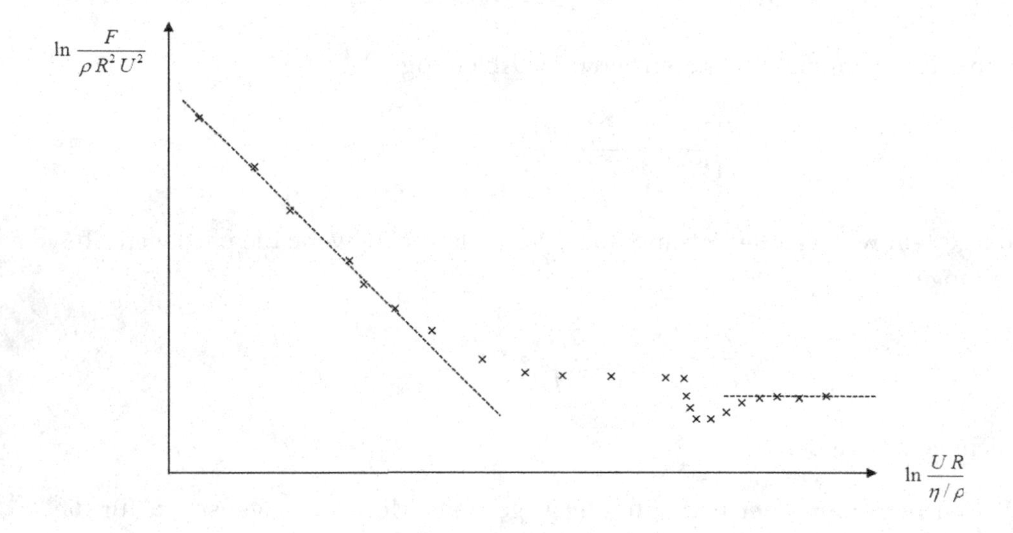

Bild 4.4 Nicht-monotones Verhalten der Widerstandskraft einer Kugel

Um diese Situation wieder heuristisch beschreiben zu können, starten wir wie zuvor in der in Abschn. 3 geübten Vorgehensweise mit der dimensionsbehafteten systemtechnischen Darstellung

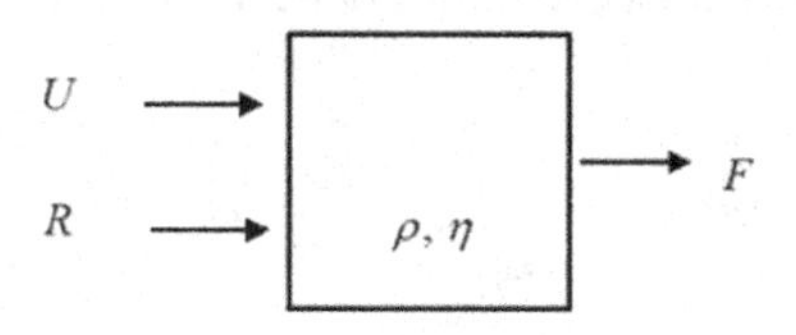

Bild 4.5 Dimensionsbehaftete systemtechnische Darstellung

des Problems. Die nicht vom Experimentator beeinflussbaren Systemgrößen Dichte ρ und dynamische Zähigkeit η werden wie in den vorangegangenen Beispielen als invariante systemeigene Größen behandelt. Aus der zugehörigen Dimensionsmatrix

	F	U	R	ρ	η
L	1	1	1	−3	−1
M	1	0	0	1	1
T	−2	−1	0	0	−1

(4.5)

entnehmen wir die repräsentativen Größen R^*, U^*, F^*. Der Radius der Kugel als einzig verfügbare Länge kann nur mit sich selbst entdimensioniert werden. Zusätzlich zu $R = R^*$ lesen wir aus der Dimensionsmatrix die repräsentativen Größen für die Geschwindigkeit $U^* = \eta / (\rho R)$ und für die Kraft $F^* = \eta U R$ ab, so dass die dimensionsfreie Darstellung

$$\frac{U}{U^*} = \Pi_1 = \frac{U}{\eta/(\rho R)} \longrightarrow \boxed{\rho, \eta} \longrightarrow \frac{F}{F^*} = \Pi_0 = \frac{F}{\eta U R}$$

$$\frac{R}{R^*} = \Pi_2 = 1 \longrightarrow$$

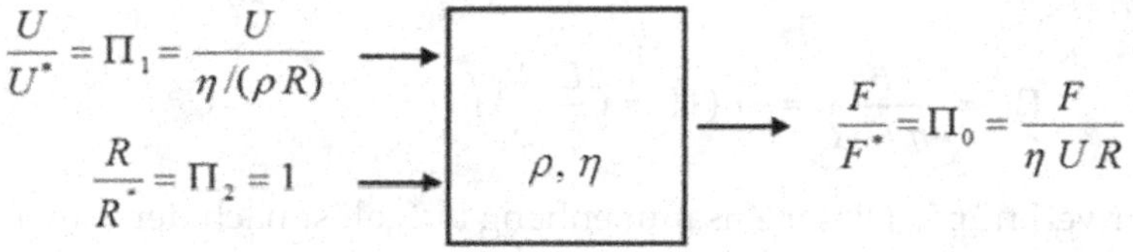

Bild 4.6 Dimensionsfreie Darstellung

angeschrieben werden kann. Bedenken wir, dass zur Beschaffung der Haltekraft (Bildes 4.4) die erforderlichen Experimente allein mit einer einzigen Kugel ausgeführt werden können, kann auch der Radius dieser Kugel ebenso wie eine invariante Stoffgröße behandelt und formal als innere Größe dargestellt werden.

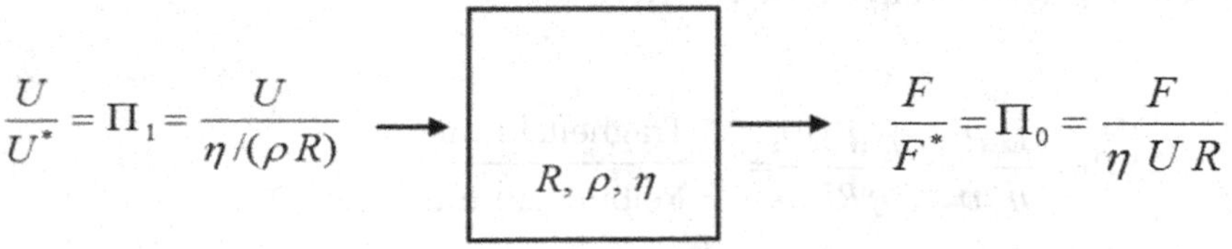

$$\frac{U}{U^*} = \Pi_1 = \frac{U}{\eta/(\rho R)} \longrightarrow \boxed{R, \rho, \eta} \longrightarrow \frac{F}{F^*} = \Pi_0 = \frac{F}{\eta U R}$$

Bild 4.7 Vereinfachte dimensionsfreie Darstellung

Damit erhalten wir direkt nur zwei nichttriviale Π -Kennzahlen

$$\Pi_0 = \frac{F}{\eta\, U\, R} \qquad \Pi_1 = \frac{U\, R}{\eta / \rho} = \mathrm{Re} \tag{4.6}$$

mit denen das Bild 4.4 aufgespannt werden kann.

$\Pi_1 = U\,R/(\eta/\rho) = \mathrm{Re}$ ist das Maß für die Abszisse, das in der Strömungsmechanik als Reynoldszahl bekannt ist.

$\Pi_0/\Pi_1 = F/(\rho U^2 R^2)$ ist das Maß für die Ordinate, das mit dem in der Strömungsmechanik verwendeten Widerstandsbeiwert korreliert ist.

Die beiden Kennzahlen sind über das Π – Theorem (Abschn. 2) durch den Zusammenhang

$$\Pi_0 = \frac{F}{\eta\, U\, R} = G\,(\Pi_1 = (\frac{U\, R}{\eta / \rho})) \tag{4.7}$$

miteinander verknüpft. Dieser Zusammenhang aufgelöst nach der Zielgröße

$$F = \eta\, U\, R \cdot G(\frac{U\, R}{\eta / \rho}) \tag{4.8}$$

ist aber noch zu allgemein, um für einfache Aussagen und Anwendungen brauchbar zu sein.

Um hier zu einfacheren Aussagen mit wenigen Messungen ohne zu hohe Kosten zu kommen, verschärfen wir unsere Aussagen, indem wir uns auf das asymptotische Verhalten des Problems bei geringen und sehr großen Anströmungen der Kugel konzentrieren. Diese elementaren Aussagen lassen mit Hilfe der beiden Grenzfälle für sehr kleine und sehr große Re-Zahlen herausarbeiten. Dazu erweitern wir die Reynoldszahl

$$\mathrm{Re} = \frac{U\, R}{\eta / \rho} = \frac{\rho R^2 U^2}{\eta R U} = \frac{\text{Trägheitskräfte}}{\text{Reibungskräfte}} \tag{4.9}$$

und interpretieren diese als das Verhältnis zwischen den Trägheitskäften und den Reibungskräften.

Im Fall für Re << 1 dominieren die Reibungskräfte, die proportional zur Zähigkeit η sind. Die Trägheitskräfte, die proportional zur Dichte ρ sind, dürfen dann keinen Einfluss haben. Außerdem sind in diesem Grenzfall die Anströmgeschwindigkeiten U klein, so dass die Funktion $G(U R/(\eta/\rho))$ um die verschwindende Anströmung entwickelt werden kann.

Aus dieser Entwicklung

$$G = G(0) + G'(0) \frac{U R}{\eta / \rho} + \ldots \tag{4.10}$$

folgt $G(0) = 0$ für $U \to 0$ und in gröbster Näherung kann die Funktion

$$G = \Pi_1 = K_1 \frac{U R}{\eta / \rho} \tag{4.11}$$

angeschrieben werden, die nur in der Kombination mit

$$\Pi_0^* = \Pi_0 \, \Pi_1 = \frac{F}{\eta \, U R} \frac{U R}{\eta / \rho} = \frac{F}{\eta^2 / \rho} \tag{4.12}$$

auf die Zielgröße

$$F = K_1 \frac{\eta^2}{\rho} \frac{U R}{\eta / \rho} = K_1 \, \eta \, R U \tag{4.13}$$

unabhängig von der Dichte ρ führt. Dann bleibt nur noch die Bestimmung der Konstanten, die allein mit einer einzigen Messung durchgeführt werden kann, die von Stokes (1819 - 1903) auch theoretisch zu $K_1 = 6\pi$ berechnet wurde. Damit kann die Präsentanz für die Widerstandskraft im Fall kleiner Reynoldszahlen Re << 1 zu

$$F = 6\pi \eta \, R U \tag{4.14}$$

angegeben werden.

Im Fall für Re >> 1 dominieren die Trägheitskräfte. Jetzt darf die Zähigkeit η keinen Einfluss auf das Ergebnis haben. Dieses Verhalten ist mit der multiplikativen Kombination von $\eta \, U R$ mit $U R/(\eta/\rho)$ zu erreichen.

Mit der so bestimmten Darstellung für die Kraft

$$F = \eta \, U R \, K_2 \frac{U R}{\eta / \rho} = K_2 \, \rho \, R^2 U^2 \tag{4.15}$$

entfällt die Zähigkeit η und es kann asymptotisch für Re >> 1 die Halte- oder Widerstandskraft

$$F = K_2 \, \rho R^2 U^2 \tag{4.16}$$

angeschrieben werden, so dass auch in diesem Bereich Re >> 1 nur noch eine einzige Messung zur Bestimmung der noch unbekannten Konstanten K_2 benötigt wird. Mit der zu $K_2 \approx 0{,}3$ im Experiment bestimmten Konstanten erhalten wir die Präsentation

$$F = 0{,}3 \, \rho R^2 U^2 \tag{4.17}$$

für praktische Anwendungen im Fall starker Anströmungen.

Mit den durchgeführten Grenzbetrachtungen kann das komplexe Verhalten für die Haltekraft einer Kugel auf das in Bild 4.8 dargestellte Verhalten eingegrenzt werden. Die Kenntnis der Asymptoten ist für technische Anwendungen hinreichend.

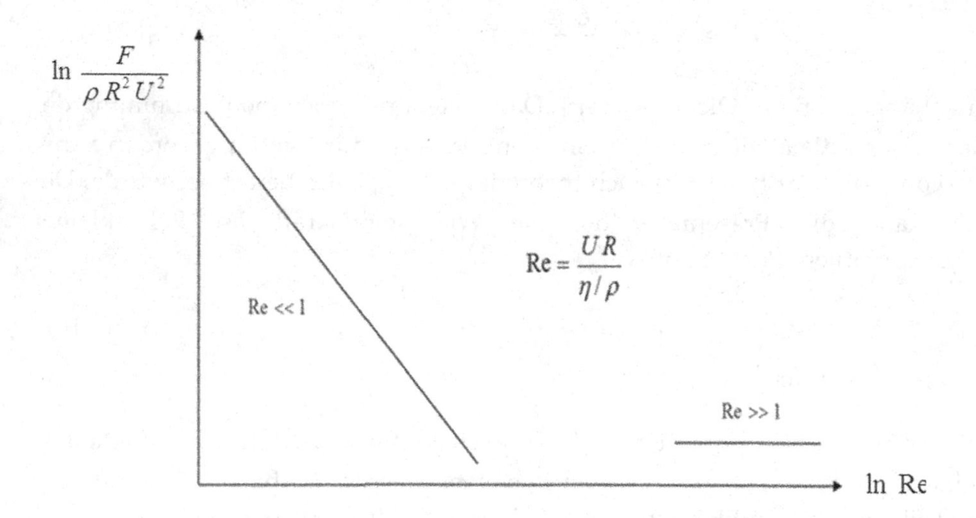

Bild 4.8 Asymptotisches Verhalten für Re << 1 und Re >> 1

4.2 PN-Probleme

Im Allgemeinen liegen beliebig viele variable Kennzahlen vor. Das mit bei P1-Systemen so erfolgreiche Π-Darstellungsverfahren reicht dann nicht aus, um die erforderliche Anzahl an Messungen auf ein ökonomisches Mindestmaß herabdrücken zu können. Deshalb muss bei der Darstellung von PN-Systemen (N>1) noch intensiver auf die Ausnutzung problemspezifischer Eigenschaften geachtet werden. Die allein mit dem Π-Theorem erreichte Strukturierung muss im Einzelfall verschärft und möglichst vollständig ausgeschöpft werden. Diese Verschärfung, die teilweise schon in den vorangegangenen Beispielen genutzt wurde, ist stets möglich, da die spezielle Lösung eines zu untersuchenden Problems stets ein ganz außerordentlicher Sonderfall (Abschn. 1.2) aus der Mannigfaltigkeit aller Lösungen ist.

Denken wir uns anschaulich diese Mannigfaltigkeit problemspezifisch geordnet und auf ein Band projiziert

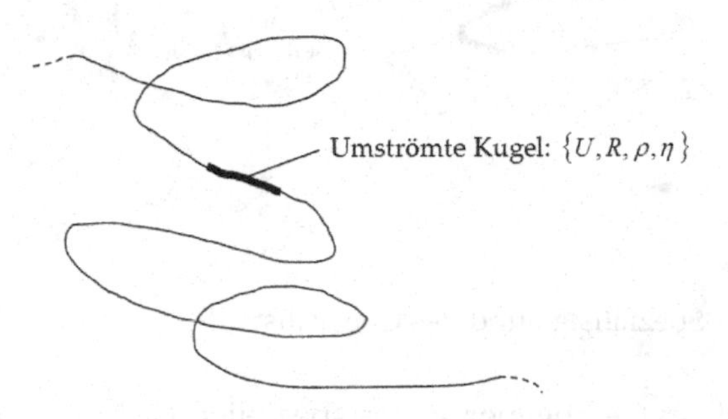

Bild 4.9 Spezielles Problem als Teil der Mannigfaltigkeit

finden wir jedes spezielle Problem als Teilstück dieses Bandes, dem auch der zugehörige vollständige Datensatz zugeordnet ist. Stellvertretend ist in Bild 4.9 das Teilstück des zuvor strukturierten Problems der umströmten Kugel mit dem zugehörigen Datensatz einskizziert.

Entsprechend große Bandabschnitte, die viele ähnliche Detailprobleme in sich vereinigen, entsprechen ganzen Fachdisziplinen, die aber wiederum nur Teilstücke der gesamten Mannigfaltigkeit sein können, deren Datensätze somit auch stets beschränkt sind. Nur durch diese Beschränkung lassen sich ökonomisch verträgliche Lösungen finden. Dieser Zwang führt zur Aufsplitterung in die einzelnen Fachgebiete, Vorlesungen und Fachbücher, die letztlich allein dazu dienen, die fachspezifischen Datensätze zu vermitteln. Die gedachten Bandabschnitte sind Bibliotheken dieser Datensätze. In diesen Datensätzen stecken die Erfahrungen, die nur aus Natur- und Systembeobachtungen zu gewinnen sind oder schon von Vorgängergenerationen gefunden wurden.

Die ökonomisch erforderliche Spezialisierung hinsichtlich Zeit und Kosten darf aber den Fortschritt nicht erschweren oder gar ganz hemmen. Dies zwingt dazu gleichzeitig sowohl Generalist als auch extremer Spezialist zu sein. Wie dies in der Tat vereinbar ist, zeigen wir wiederum anschaulich am Klassifizierungsband (Bild 4.10), dessen Teilabschnitte spezielle Fachgebiete darstellen.

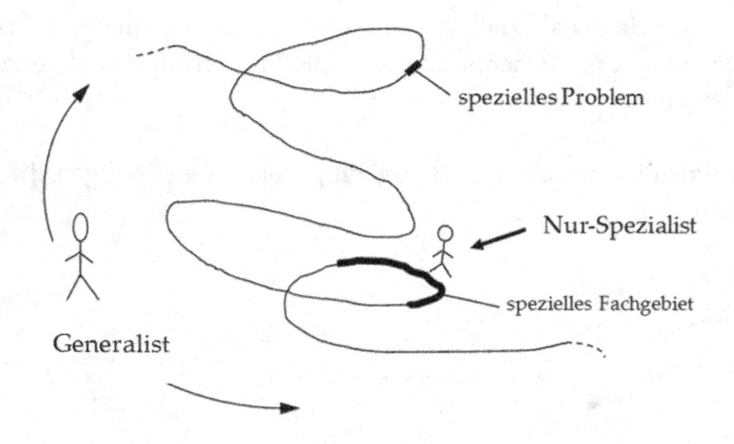

Bild 4.10 Welt des Nur-Spezialisten und des Generalisten

Der Nur-Spezialist ist ein Gefangener seines speziellen Fachgebiets. Sein Leben wird von einem einzigen Datensatz beherrscht, der extrem eingeschränkt ist. Das zugehörige Fachgebiet ist schnell ausgeschöpft und ein weiterer Fortschritt nur schwer möglich. Der Nur-Spezialist lebt im Sättigungszustand und wird systembedingt zum Fachidioten.

Ganz anders ist die Situation des Generalisten. Dieser besitzt die Freiheit, sich längs des Klassifizierungsbandes bewegen zu können.

Ist ein beliebiges spezielles Problem zu lösen, wird sich der Problemlöser in der Erkennungsphase als reiner Generalist verhalten, in der er sich im Hinblick auf das zu lösende Problem erst den richtigen Klassifizierungsort sucht, dem auch der richtige Datensatz zugeordnet ist. Hier kann der Generalist Synergieeffekte aus seinem Vorleben und dem seiner Vorgänger nutzen. In der Realisierungsphase wird er dann zum extremen Spezialisten, indem er den gefundenen Datensatz restlos ausschöpft. Diese Flexibilität ist der entscheidende Vorteil gegenüber dem Nur-Spezialisten, der in seinem Fachgebiet verharrt. Nach mehreren Nur-Spezialisten-Generationen verkommt der Nur-Spezialist zum Verwalter des speziellen Fachgebiets. Ein Erliegen jeglichen Fortschritts ist damit vorprogrammiert. Es wird keine neue und möglichst einfachere Technologie geschaffen, sondern die vorhandene immer mehr verfeinert und verkompliziert. Zudem kann der Nur-Spezialist auf neuen Fachgebieten nichts ausrichten, da er hierfür falsch positioniert ist.

4.3 Probleme mit variablen Stoffeigenschaften

Bei der heuristischen Beschaffung der dimensionsfreien Kennzahlen wurden die im Experiment nicht veränderbaren Einflussgrößen als invariante Systemgrößen behandelt und formal in der systemtechnischen Darstellung im Inneren des Systems angeordnet, so dass diese nur im Entdimensionierungsprozess über die repräsentativen Größen bei der Bildung der Π - Kennzahlen Einfluss nehmen konnten. Diese Situation ändert sich, wenn mit diesen invarianten Größen selbst eigene dimensionslose Π - Produkten gebildet werden können. Wenn insbesondere hinreichend viele Stoffgrößen zu berücksichtigen sind, können Π - Produkte relevant werden, deren Bildung ausschließlich mit Stoffgrößen erfolgt. Bei den einfachen bisherigen Beispielen war dies in Ermangelung hinreichend vieler Stoffgrößen schlicht nicht möglich derartige Π - Kennzahlen zu bilden.

Als Beispiel mit mehreren Stoffgrößen, die zu eigenen Π - Produkten führen, betrachten wir eine ruhende umströmte Kugel vom Durchmesser D mit der Oberfläche $D^2\pi$, die mit der Geschwindigkeit U homogen von einem Fluid mit den Stoffgrößen Dichte ρ, dynamische Zähigkeit η, spezifische Wärmekapazität c, Wärmeleitfähigkeit λ angeströmt wird und eine Temperaturdiffrenz ΔT gegenüber dem Fluid aufweist.

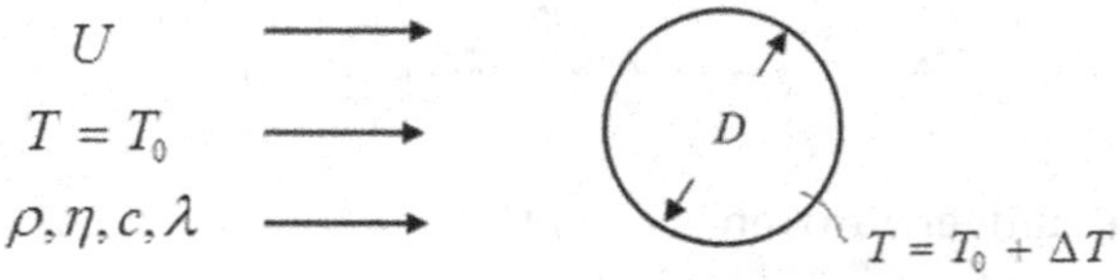

U

$T = T_0$

ρ, η, c, λ

D

$T = T_0 + \Delta T$

Bild 4.11 Wärmeübertragung durch erzwungene Konvektion

Gesucht ist die Beschreibung der von der Kugel auf das Fluid übertragenen Wärmeleistung

$$\dot{Q} = \alpha\, D^2 \pi \Delta T \tag{4.18}$$

die proportional zum Wärmeübergangskoeffizient α ist. Die Wärmeleistung ist bekannt, wenn wir den Wärmeübergangskoeffizienten α kennen. Als Zielgröße suchen wir deshalb den Wärmeübergangskoeffizienten α, der mit den Einflussgrößen des Datensatzes U, D, ΔT, ρ, η, c, λ zu bilden ist.

Wir beginnen wieder mit der dimensionsbehafteten systemtechnischen Darstellung

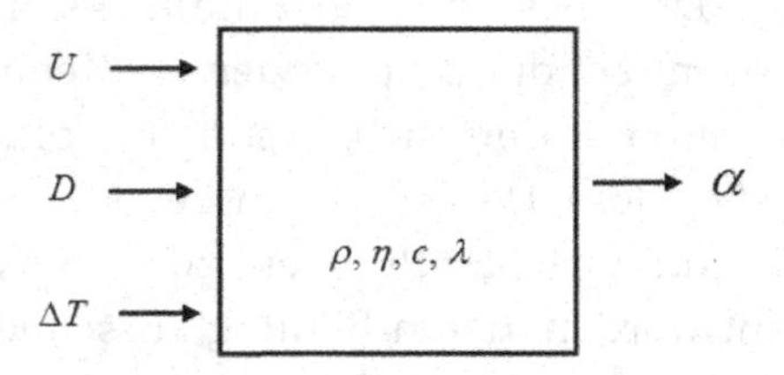

Bild 4.12 Dimensionsbehaftete systemtechnische Darstellung

und der zugehörigen Dimensionsmatrix

	α	U	D	ΔT	ρ	η	c	λ
L	0	1	1	0	−3	−1	2	1
M	1	0	0	0	1	1	0	1
T	−3	−1	0	1	0	−1	−2	−3
Θ	−1	0	0	0	0	0	−1	−1

(4.19)

aus der sich die repräsentativen Größen $D^* = D$, $U^* = \eta/(\rho D)$, $\Delta T^* = U^2/c$, $\alpha^* = \lambda / D$ zur Bildung der Π - Kennzahlen Re, Ec, Nu ablesen lassen, die jetzt mit der allein aus den Stoffgrößen c, η, λ gebildeten Pr -Zahl ergänzt werden, die in der dimensionsfreien systemtechnischen Darstellung

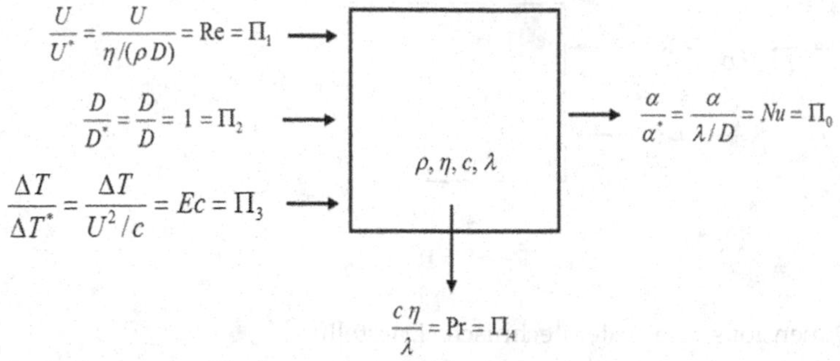

$$\frac{U}{U^*} = \frac{U}{\eta/(\rho D)} = \mathrm{Re} = \Pi_1$$

$$\frac{D}{D^*} = \frac{D}{D} = 1 = \Pi_2$$

$$\frac{\Delta T}{\Delta T^*} = \frac{\Delta T}{U^2/c} = Ec = \Pi_3$$

ρ, η, c, λ

$$\frac{\alpha}{\alpha^*} = \frac{\alpha}{\lambda/D} = Nu = \Pi_0$$

$$\frac{c\,\eta}{\lambda} = \mathrm{Pr} = \Pi_4$$

Re: Reynolds Pr: Prandtl
Ec: Eckert Nu: Nusselt

Bild 4.13 Dimensionsfreie systemtechnische Darstellung

eingetragen sind, aus der sich der allgemeine Zusammenhang

$$\Pi_0 = \frac{\alpha}{\lambda/D} = Nu = G(\Pi_1 = \mathrm{Re}, \Pi_2 = 1, \Pi_3 = Ec,\ \Pi_4 = \mathrm{Pr}) \tag{4.20}$$

ergibt.

Da der Durchmesser D als einzige Länge nur mit sich selbst entdimensioniert werden kann, ist die hieraus folgende invariante Kennzahl $\Pi_2 = D/D^* = 1$ für die weitere Betrachtung ohne Bedeutung.

$$\Pi_0 = \frac{\alpha}{\lambda/D} = Nu = G(\mathrm{Re}, Ec, \mathrm{Pr}) \tag{4.21}$$

Die gleiche Wirkung hätte sich ergeben, wenn wir den Durchmesser als invariante nicht durch den Experimentator veränderliche Größe aufgefasst und unmittelbar in der systemtechnischen Darstellung im Inneren des Systems angeordnet hätten, so dass diese ebenfalls wie die Stoffgrößen nur indirekt bei der Kennzahlenbildung zur Einwirkung kommt:

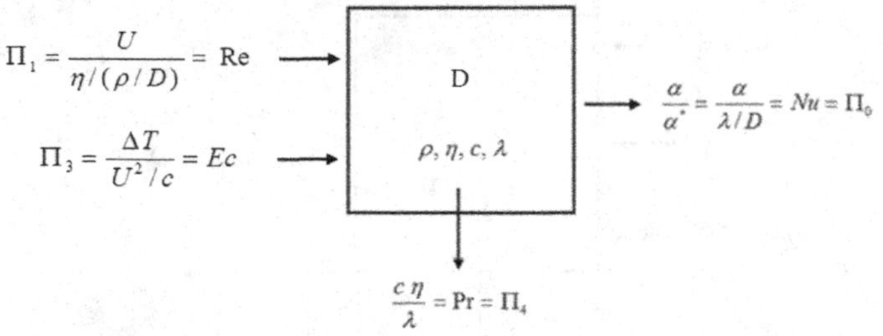

$\Pi_1 = \dfrac{U}{\eta/(\rho/D)} = \mathrm{Re}$

$\Pi_3 = \dfrac{\Delta T}{U^2/c} = Ec$

D

ρ, η, c, λ

$\dfrac{\alpha}{\alpha^*} = \dfrac{\alpha}{\lambda/D} = Nu = \Pi_0$

$\dfrac{c\,\eta}{\lambda} = \mathrm{Pr} = \Pi_4$

Bild 4.14 Dimensionsfreie systemtechnische Darstellung

Anstelle der Ec-Zahl können auch andere Kennzahlen verwendet werden, denen physikalisch gleichwertige Eigenschaften eigen sind. Eine mögliche Kennzahl ist die Br -Zahl, die aus den beiden anfänglich ermittelten Kennzahlen Π_3, Π_4 durch die Verknüpfung

$$\Pi_3^{-1}\,\Pi_4 = \frac{U^2/c}{\Delta T}\,\frac{c\,\eta}{\lambda} = \frac{\eta\,U^2}{\lambda\,\Delta T} = \frac{\mathrm{Pr}}{Ec} = Br \tag{4.22}$$

dargestellt werden kann. Dazu erinnern wir uns (Abschn. 2.1), dass ein Π - Datensatz stets durch Produktbildung in einen anderen gleichwertigen Datensatz umgeformt werden kann. Mit der so modifizierten Darstellung

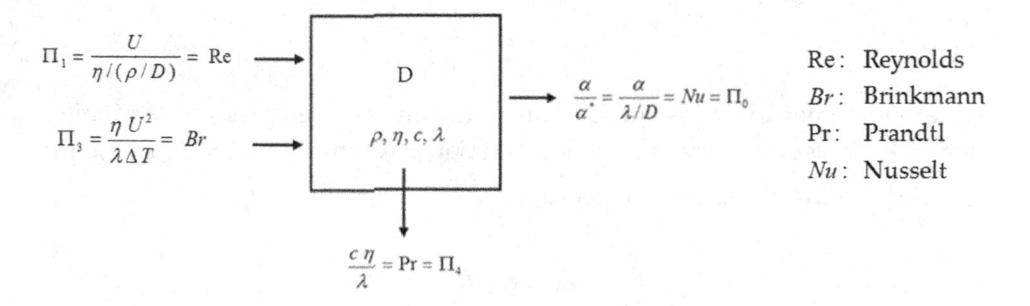

Bild 4.15 Modifizierte dimensionsfreie systemtechnische Darstellung

kann dann explizit aufgelöst der Wärmeübergangskoeffizient

$$\alpha = \frac{Nu\;D}{\lambda} = \frac{D}{\lambda}\,G(\mathrm{Re},\,Br,\,\mathrm{Pr}) \tag{4.23}$$

als Präsentanz angegeben werden.

Damit kann für die von der Kugel auf das Fluid übertragene Wärmeleistung

$$\dot{Q} = \frac{D^3}{\lambda} \pi \Delta T \cdot G(\mathrm{Re}, Br, \mathrm{Pr}) \tag{4.24}$$

angegeben werden, die für praktische Anwendungen noch durch Ausschöpfen zusätzlicher a priori Kenntnisse zu vereinfachen ist.

Ein solcher Ausschöpfungsprozess wird hier nicht weiter verfolgt, da jetzt die dimensionsanalytische Wirkung der Abhängigkeit einer Stoffgröße von einer variablen Einflussgröße aufgezeigt werden soll. Zu diesem Zweck betrachten wir beispielhaft die dynamische Zähigkeit $\eta(T)$ in Abhängigkeit von der Temperatur, die wir um die Referenztemperatur T_0 entwickeln:

$$\eta(T) = \eta_0 (1 - \gamma_0 \Delta T) \quad \text{mit} \quad \Delta T = T - T_0 \tag{4.25}$$

Anstelle der zuvor allein auftretenden konstanten Stoffgröße $\eta = \eta_0$ wird das temperaturabhängige Zähigkeitsverhalten jetzt von den beiden invarianten Stoffdaten η_0, γ_0 beherrscht. Halten wir alle anderen Stoffgrößen $\rho = \rho_0$, $c = c_0$, $\lambda = \lambda_0$ konstant, löst die Temperaturdifferenz ΔT jetzt das Erscheinen einer zusätzlichen in Bild 4.12 dargestellten Kennzahl $\gamma_0 \Delta T$

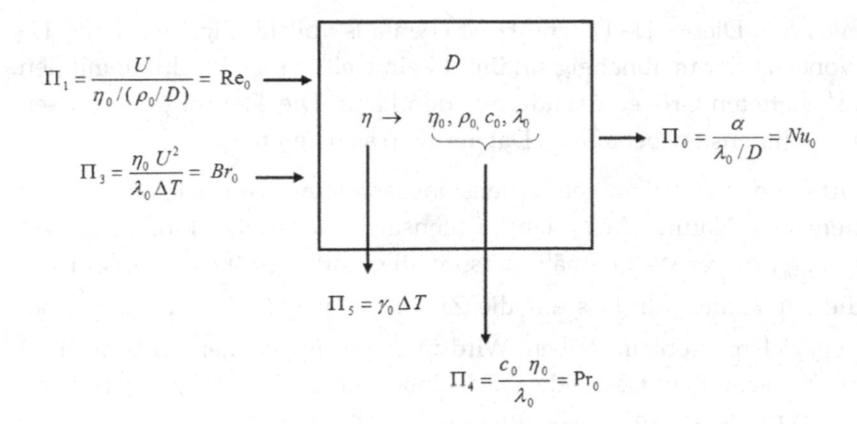

Bild 4.16 Dimensionsfreie Darstellung mit temperaturabhängiger Zähigkeit η

aus und es kann der um den temperaturabhängigen Zähigkeitseffekt erweiterte Zusammenhang zwischen den Π-Kennzahlen abgelesen werden, der explizit auf die Beschreibung der abführbaren Wärmeleistung

$$\dot{Q} = \frac{D^3}{\lambda} \pi \Delta T \cdot G(\mathrm{Re}_0, Br_0, \mathrm{Pr}_0, \gamma_0 \, \Delta T) \tag{4.26}$$

führt, die im Grenzfall der nicht temperaturabhängigen Zähigkeit mit $\gamma_0 \to 0$ wieder das Ergebnis (4.24) liefert.

4.4 Beschaffung des vollständigen Datensatzes

Voraussetzung für die Anwendung der Π-Theorem Methodik ist die Kenntnis des vollständigen dimensionsbehafteten Datensatzes, der sowohl in impliziter als auch expliziter Form

$$F(y, x_1, x_2, ..., x_N) = 0 \quad \Leftrightarrow \quad y = f(x_1, x_2, ..., x_N) \tag{4.27}$$

formuliert werden kann. Mit dem Π-Theorem kann dann systematisch oder auch heuristisch mit Hilfe der Dimensionsmatrix (Abschn. 2.1) der zugehörige äquivalente entdimensionierte Π- Datensatz wiederum in sowohl impliziter als auch expliziter Form

$$H(\Pi_0, \Pi_1, ..., \Pi_{p=N-r}) = 0 \quad \Leftrightarrow \quad y = x_1^{\alpha_1} \cdot x_2^{\alpha_2} \cdot ... \cdot x_N^{\alpha_N} \cdot G(\Pi_1, \Pi_2, ..., \Pi_p) \tag{4.28}$$

gefunden werden. Dieser Π- Datensatz ist ebenfalls vollständig, wenn alle Π-Produkte voneinander unabhängig sind und kein weiteres Π-Produkte mit den dimensionsbehafteten Größen gebildet werden kann. Die Π-Produkte müssen alle Daten des dimensionsbehafteten Datensatz in sich vereinigen.

Die Beschaffung des vollständigen dimensionsbehafteten Datensatzes selbst ist von elementarer Natur. Aus dem Datensatz, der alle Einflussgrößen $X = \{x_1, x_2, ..., x_n\}$ dieser Welt enthält, müssen alle Einflussgrößen x_i aussortiert werden, die gar keinen Einfluss auf die Zielgröße $y = f(x_1, x_2, ..., x_n)$ des betrachteten speziellen Problems haben. Wird in einem Experiment eine der Einflussgrößen x_i variiert und es ändert sich dabei die Zielgröße y nicht, kann diese Größe als Einflussgröße ausgeschlossen werden.

Durch Falsifizieren

$$\partial f / \partial x_i = 0 \tag{4.29}$$

kann so der Datensatz $X = \{x_1, x_2, ..., x_n\}$ mit $n > N$ auf den vollständigen und zugleich minimalen Datensatz $X_V = \{x_1, x_2, ..., x_N\}$ mit $n = N$ eingeschränkt werden, der Grundlage zum Erreichen einer universellen Darstellung und der Reproduzierbarkeit der gesuchten Zielgröße (Präsentanz) ist.

Ist der Datensatz dagegen unvollständig (Übervereinfachung), liefern Experimente nur Relationen, die sich insgesamt als unstrukturierte Ergebniswolke präsentieren (Abschn. 1). Der Datensatz ist dann von $n < N$ auf N Einflussgrößen zu erweitern.

4.5 Reguläre und singuläre Probleme

Ein Problem verhält sich regulär, wenn sich beim Umschreiben von der dimensionsbehafteten Darstellung

$$F(y, x_1, x_2, ..., x_N) = 0 \tag{4.30}$$

auf die dimensionsfreie Darstellung

$$H(\Pi_0, \Pi_1, ..., \Pi_{p=N-r}) = 0 \tag{4.31}$$

eine Reduktion der $N+1$ dimensionsbehafteten Größen auf $p+1 < N+1$ dimensionsfreie Größen (Π-Produkte) ergibt, wobei mit $m = r$ die Anzahl der Zeilen m der Dimensionsmatrix mit deren Rang r übereinstimmt.

Am Beispiel der im L, M, T - System beschriebenen tangential angeströmten Platte (Abschn. 2.1) mit der zugehörigen Dimensionsmatrix (2.18) kann gezeigt werden, dass ausgehend von den $N+1=5+1=6$ dimensionsbehafteten Größen sich eine Reduktion auf $p+1=2+1=3$ dimensionsfreie Π-Größen erreichen lässt:

$$F, \underbrace{U, \rho, \eta, l, b}_{N=5} \quad \rightarrow \quad \Pi_0, \underbrace{\Pi_1, \Pi_2}_{p=2} \tag{4.32}$$

Die Reduzierung um $N+1-(p+1)=N-p=5-2=3$ entspricht der Anzahl $m=3$ der zur Beschreibung verwendeten Dimensionen L, M, T, die auch dem Rang der zugehörigen Dimensionsmatrix mit $r=3$

		$N+1=6$						
		F	U	ρ	η	l	b	
$m=3$	L	1	1	-3	-1	1	1	(4.33)
	M	1	0	1	1	0	0	
	T	-2	-1	0	-1	0	0	

entspricht.

Dass der Rang der Dimensionsmatrix (2.18 bzw. 4.33) tatsächlich $r=m=3$ ist, lässt sich durch Elementarumformungen der Matrix auf die zugehörige Diagonal- bzw. Einheitsmatrix (Abschn. 2.1) oder mit weniger Aufwand durch die Darstellung in der entsprechenden Zeilenstufenform zeigen.

Ausgehend von der Dimensionsmatrix (4.33)

$$\begin{matrix} 1 & 1 & -3 & -1 & 1 & 1 \\ 1 & 0 & 1 & 1 & 0 & 0 \\ -2 & -1 & 0 & -1 & 0 & 0 \end{matrix}$$

kann mit den folgenden drei Elementarumformungen

3. Zeile + 2. Zeile x 2 , (4.33)

$$\begin{matrix} 1 & 1 & -3 & -1 & 1 & 1 \\ 1 & 0 & 1 & 1 & 0 & 0 \\ 0 & -1 & 2 & 1 & 0 & 0 \end{matrix} \qquad (4.34)$$

2. Zeile - 1. Zeile , (4.34)

$$\begin{matrix} 1 & 1 & -3 & -1 & 1 & 1 \\ 0 & -1 & 4 & 2 & -1 & -1 \\ 0 & -1 & 2 & 1 & 0 & 0 \end{matrix} \qquad (4.35)$$

3. Zeile - 2. Zeile , (4.35)

$$\begin{matrix} 1 & 1 & 0 & -1 & 1 & 1 \\ 0 & -1 & -2 & 2 & -1 & -1 \\ 0 & 0 & -2 & -1 & 1 & 1 \end{matrix} \qquad (4.36)$$

aus der mit Elementarumformungen gewonnen Zeilenstufenform (4.36) mit 3 Zeilen ohne ausschließlich Nullen der Rang $r = 3$ abgelesen werden. Der Rang der Matrix (4.33) entspricht der Anzahl der Zeilen, in denen nicht ausschließlich Nullen vorkommen.

Ein Problem verhält sich singulär, wenn die Reduktion geringer ausfällt. Beispielhaft wird hierzu auf das ebenfalls in Abschn. 2.1 behandelte Verschleißproblem zurückgegriffen. Ausgehend von den $N+1=4+1=5$ dimensionsbehafteten Größen erhält man eine Reduktion auf $p+1=2+1=3$ dimensionsfreie Π- Größen:

$$\underbrace{\Delta V, \Delta l, F, A, \sigma_{DF}}_{N=4} \quad \rightarrow \quad \underbrace{\Pi_0, \Pi_2, \Pi_3}_{p=2} \qquad (4.37)$$

Die Reduzierung um $N+1-(p+1)=N-p=4-2=2$ entspricht nicht der Anzahl $m=3$ der zur Beschreibung verwendeten Dimensionen L, M, T. Die Ursache für dieses Verhalten ist die lineare Abhängigkeit zwischen der 2. und 3. Zeile der zugehörigen Dimensionsmatrix (2.24).

$N+1 = 5$

$m=3$		ΔV	ΔL	F	A	σ_{DF}
	L	3	1	1	2	−1
	M	0	0	1	0	1
	T	0	0	2	0	−2

(4.38)

Durch Multiplikation der 2. Zeile mit -2 wird diese identisch mit der 3. Zeile.

Es liegt hier ein singuläres Verhalten vor, das die Reduktion einschränkt. Die zeigt auch der Rang der Dimensionsmatrix, der bedingt durch die lineare Abhängigkeit sich auf $r = 2 < 3$ reduziert. Vollständigkeitshalber bestimmen wir auch hier die Matrix in Zeilenstufenform, um den Rang r ablesen zu können.

Wie zuvor kann jetzt ausgehend von der Dimensionsmatrix (4.38)

$$\begin{matrix} 3 & 1 & 1 & 2 & -1 \\ 0 & 0 & 1 & 0 & 1 \\ 0 & 0 & -2 & 0 & -2 \end{matrix} \tag{4.39}$$

durch Elementarumformung die zugehörige Zeilenstufenform zum Ablesen des Rangs r der Dimensionsmatrix gefunden werden.

Hier genügt eine einzige Umformung

3. Zeile + 2. Zeile x 2 , (4.39)

$$\begin{matrix} 3 & 1 & 1 & 2 & -1 \\ 0 & 0 & 1 & 0 & 1 \\ 0 & 0 & 0 & 0 & 0 \end{matrix} \tag{4.40}$$

und es kann aus der Zeilenstufenmatrix (4.40) der Rang $r = 2$ abgelesen werden, da nur zwei Zeilen existieren, in denen nicht ausschließlich Nullen vorkommen.

Durch die lineare Abhängigkeit der 2. und 3. Zeile in der Dimensionsmatrix (4.40) erfolgt keine Reduktion der $N + 1 = 5$ dimensionsbehafteten Größen auf $p + 1 = 2$, sondern nur auf $p + 1 = 3$.

Die Reduktion wird durch die lineare Abhängigkeit des Problems behindert und nur eine Reduzierung um $r = 2 < m = 3$ erreicht.

4.6 Ausschöpfen der mit dem Π-Theorem erreichbaren Ergebnisse

Die mit dem Π-Theorem erreichten Vereinfachungen sind nur für P1-Problme hinreichend, die insbesondere auch noch monotone Eigenschaften aufweisen (Abschn. 4.1).

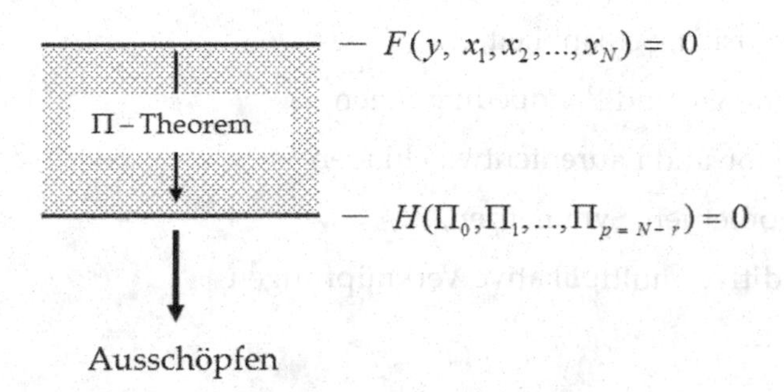

Bild 4.17 Ausschöpfen der mit dem Π-Theorem erreichten Produkte

Der mit dem Π-Theorem erreichbare Zusammenhang bei PN-Problemen

$$H(\Pi_0, \Pi_1, ... \Pi_{p=N-r}) = 0 \qquad (4.41)$$

ist zu allgemein, um im Ingenieurbereich nutzbringend angewendet werden zu können. Die Reduktionen von $N+1$ dimensionsbehafteten Größen auf maximal $N+1-r$ dimensionsfreie Π-Produkte ist nicht hinreichend.

Die Verknüpfung zwischen der Ziel- und den Einflussgrößen muss weiter detailliert, entschlüsselt und ausgeschöpft werden.

Ein Ausschöpfen ist immer möglich, da es sich im Ingenieurbereich - wie bereits in Abschn. 1.1 beschrieben - stets um ein ganz spezielles Problem handelt, für das eine möglichst einfach Präsentanz aufzufinden ist:

Jedes technische Problem ist ein so extremer Sonderfall,
dass immer eine einfache Lösung gefunden werden kann.

Die problemspezifischen und konstruktiven Besonderheiten eines solchen extremen Sonderfalls, die a priori bekannt sind, müssen erkannt und vollständig ausgenutzt werden, um ein möglichst einfaches Ergebnis auffinden zu können.

Solche Besonderheiten können

- Arbeitspunkt und Umgebung
- Lösungsäste
- Asymptotik
- Unabhängigkeit der Argumente
- Linearität, Schlankheit, ...
- Anfangs- und Randbedingungen
- Taylor-und Laurententwicklungen
- Geometrien, Symmetrien, ...
- additive, multiplikative Verknüpfungen
- ....

sein. Jedes spezielle Problem hat eigene Besonderheiten, die es zu nutzen gilt, um jeweils eine möglichst einfache Präsentanz finden zu können.

4.6.1 Arbeitspunkt und asymptotische Lösungsäste

Maschinen und Verfahren werden meist in einem beschränkten Arbeitsbereich (Bild 4.18) betrieben. Deshalb ist eine Beschreibung in diesem Bereich nur um den Arbeitspunkt A von Interesse, so das der interessierende Teilbereich

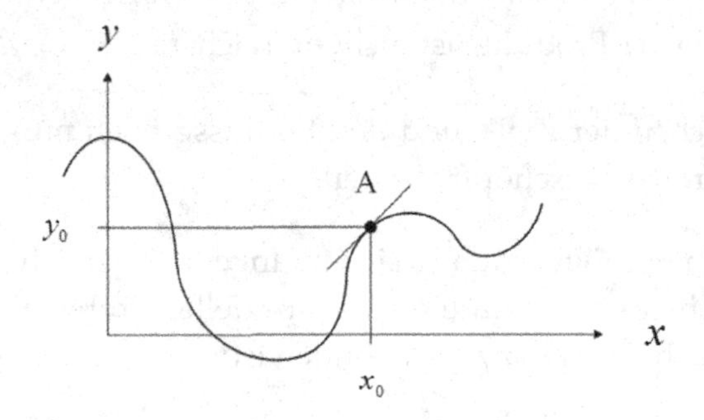

Bild 4.18 Taylorentwicklung um Arbeitspunkt y_0, x_0

mit einer um den Arbeitspunkt y_0, x_0 entwickelten Taylorreihe

$$y = f(x) = f(x_0) + f'(x_0)\,(x - x_0) + \dots \tag{4.42}$$

dargestellt werden kann. Zur Beschreibung genügen dann die beiden Informationen $f(x_0)$, $f'(x_0)$. Der komplizierte Rest der Funktion $f(x)$ ist bedeutungslos und kann unbeachtet bleiben. Mit dieser Betrachtungsweise wird alles Überzählige weggelassen und es kann damit die Effizienz hinsichtlich der Kosten und der Bearbeitungszeiten gesteigert werden.

Noch effektiver wird diese Betrachtungsweise, wenn ein Problem mit mehreren Lösungsästen vorliegt.

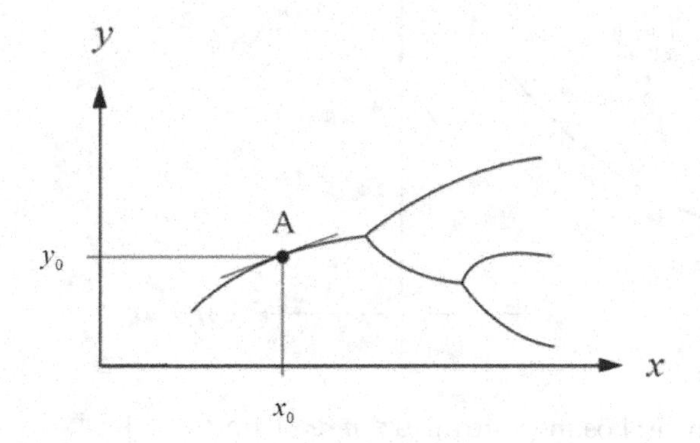

Bild 4.19 Lösungsast mit Arbeitsbereich und Arbeitspunkt

Ein konkretes Beispiel ist in Bild 4.20 dargestellt, das abhängig vom Ort der zugeführten Wärmeleistung $\dot{Q}$ zwei unterschiedliche Lösungsäste ausbilden kann.

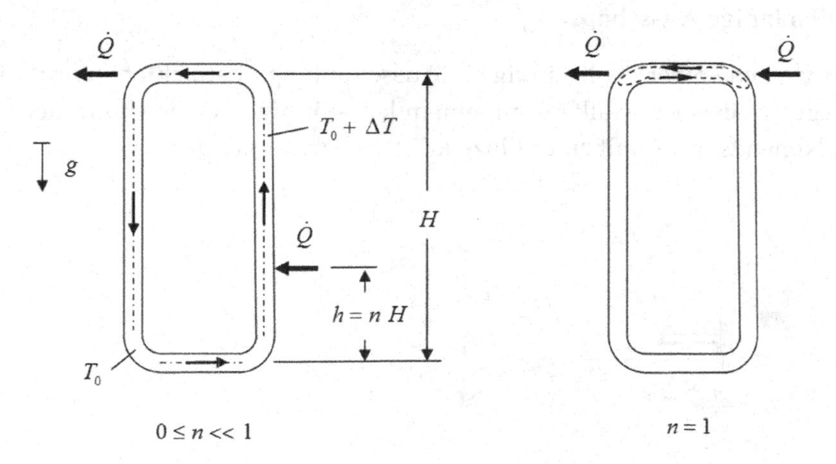

Bild 4.20 Zwei Lösungsäste für $0 \leq n << 1$ und $n = 1$

Die Suche nach einer für alle Orte $0 \leq n \leq 1$ gültigen Darstellung des thermohydraulischen Zusammenhangs ist zu kompliziert und zu aufwendig. Viel sinnvoller ist die asymptotische Beschreibung des Problems.

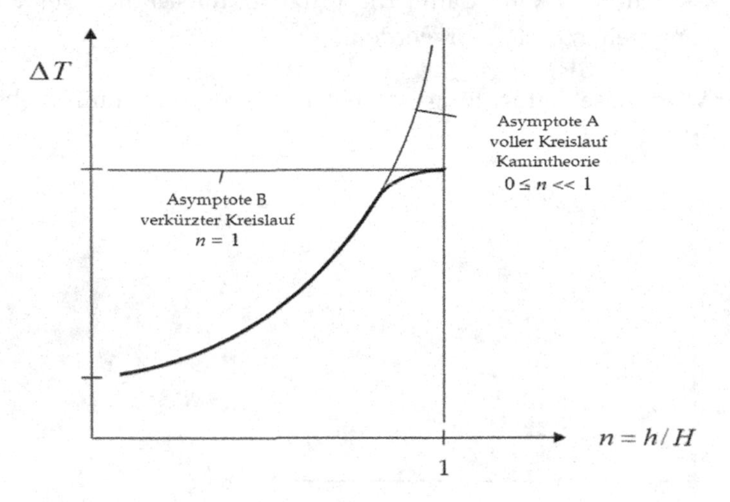

Bild 4.21 Asymptoten der Lösungsäste für $0 \leq n << 1$ und $n = 1$

Für die Lösung eines Problems sollte man deshalb im ersten Schritt klären, welcher der Lösungsäste für die spezielle Anwendung relevant ist. Erst nach dieser Entscheidung kann dann um den Arbeitspunkt entwickelt und damit die Beschreibung des Problems nochmals vereinfacht werden.

4.6.2 Vollständige Ausschöpfung

Zum Aufzeigen einer vollständigen Ausschöpfung betrachten wird die Durchbiegung eines Kragbalkens mit einem kreisförmigen Querschnitt, der am freien Balkenende $x = L$ mit einer Einzelkraft F belastet wird.

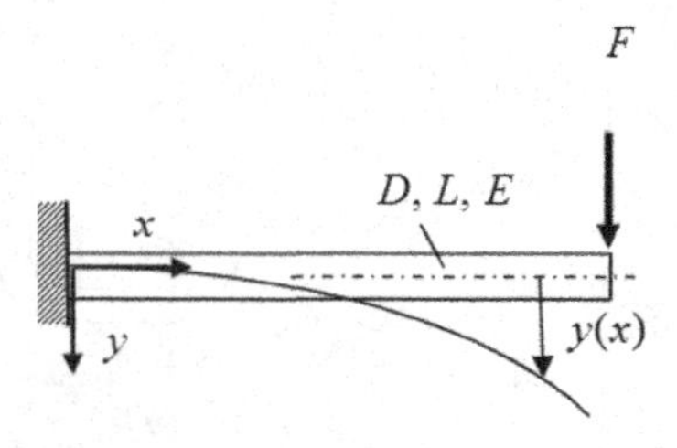

Bild 4.22 Kragbalken mit Einzellast

Da bei der Biegung eines Balkens sowohl Zug- als auch Druckeffekte eine Rolle spielen, wird als charakteristische Materialgröße wie bei Zug- oder Druckstäben der Elastizitätsmodul E eingeführt (Abschn. 1.1). Dann kann ausgehend von der dimensionsbehafteten systemtechnischen Darstellung

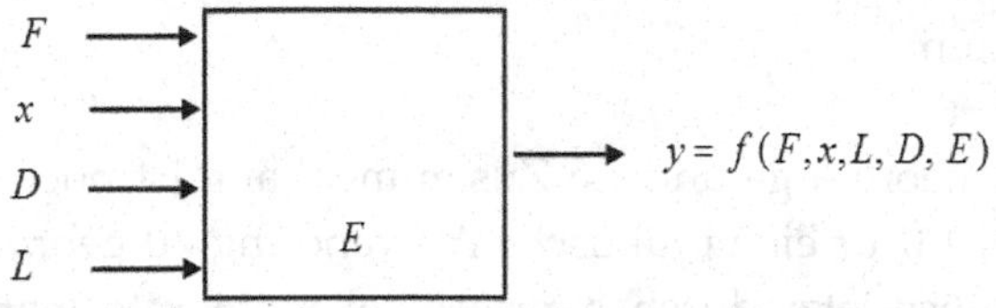

Bild 4.23 Dimensionsbehaftete systemtechnische Darstellung

und der zugehörigen Dimensionsmatrix

	y	F	x	D	L	E
L	1	1	1	1	1	−1
M	0	1	0	0	0	1
T	0	−2	0	0	0	−2

(4.43)

durch Entdimensionieren mit den repräsentativen Größen $y^* = L$, $F^* = E L^2$, $x^* = L$, $D^* = L$, $L^* = L$ die dimensionsfreie systemtechnische Darstellung gefunden werden

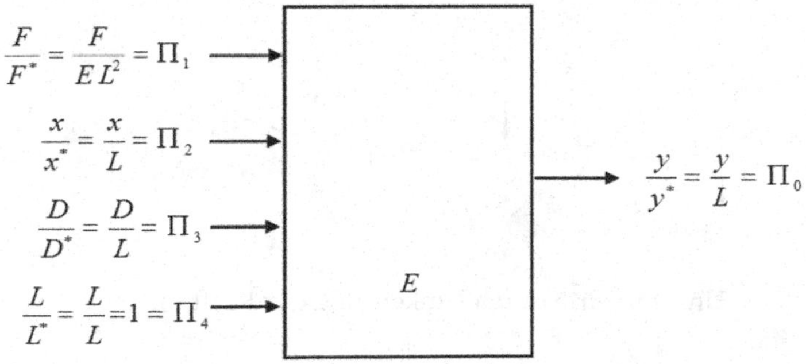

Bild 4.24 Dimensionsfreie systemtechnische Darstellung

aus der mit Hilfe des Π-Theorems der Zusammenhang

$$\Pi_0 = \frac{y}{L} = G\,(\Pi_1 = \frac{F}{E\,L^2}, \Pi_2 = \frac{x}{L}, \Pi_3 = \frac{D}{L}, \Pi_4 = 1) \tag{4.44}$$

abgelesen werden kann.

Dieser mit dem Π-Theorem gefundene Zusammenhang ist noch viel zu allgemein und deshalb nicht für eine praktische Anwendung zu gebrauchen. Dieses Zwischenergebnis muss jetzt durch a priori bekannte Informationen konsequent weiter vereinfacht (verschärft) und so lange ausgeschöpft werden, bis es für praktische Anwendungen nutzbar wird.

Der **Weg der Ausschöpfung** wir nun im Detail dargestellt. Zu jedem Teilschritt gehört eine a priori bekannte Information, die zur konsequenten Vereinfachung des gesuchten Zusammenhangs zwischen der Zielgröße und den Einflussgrößen genutzt wird.

- Wir beginnen mit der Betrachtung des unbelasteten Zustandes und entwickeln (4.44) um $F = 0$:

$$\rightarrow \quad \frac{y}{L} = G\,(0, \frac{x}{L}, \frac{D}{L}) + G'(0, \frac{x}{L}, \frac{D}{L})\frac{F}{E\,L^2} + \ldots \tag{4.45}$$

- Die Umkehrung der Kraft $F \rightarrow -F \;\Rightarrow$ Durchbiegung $y \rightarrow -y$,

  zeigt, dass die geraden Glieder der Entwicklung (4.45) ohne Einfluss sind:

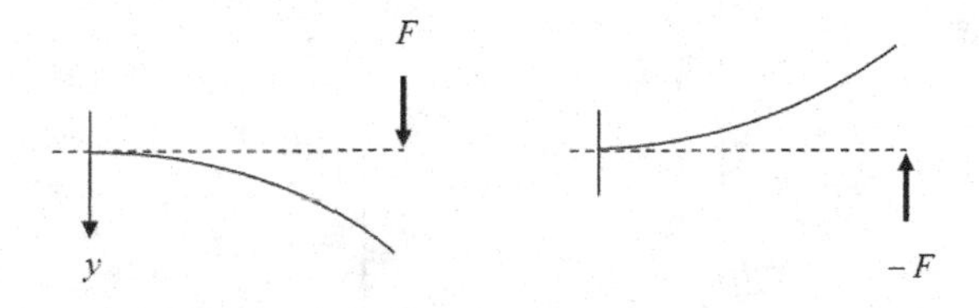

Unsymmetrie durch Umkehrung der Kraft

$$\rightarrow \quad \frac{y}{L} = G'(0, \frac{x}{L}, \frac{D}{L})\,\frac{F}{E\,L^2} + \frac{1}{3!}\,G'''(0, \frac{x}{L}, \frac{D}{L})\,(\frac{F}{E\,L^2})^3 + \ldots \tag{4.46}$$

- Aus konstruktiven Gründen soll sich ein Balken nur schwach verformen:
  schwache Verformung → schwache Belastung → Verformung ~ Kraft

$$\rightarrow \quad \frac{y}{L} = G'(0, \frac{x}{L}, \frac{D}{L}) \, \frac{F}{E L^2} \tag{4.47}$$

- Balken ist schlankes Gebilde: $D/L << 0$

  Entwicklung um $D/L = 0$ mit $G'(0, x/L, D/L) = H(x/L, D/L)$

$$\rightarrow \quad \frac{y}{L} = \frac{F}{E L^2}\left[H(\frac{x}{L}, 0) + H'(\frac{x}{L}, 0)\frac{D}{L} + \frac{1}{2!}\widetilde{H}''(\frac{x}{L}, 0)\,(\frac{D}{L})^2 + ...\right] \tag{4.48}$$

mit $D/L \rightarrow 0 \Rightarrow y \rightarrow \infty$: Widerspruch zum realen Verhalten

⇒ Taylorreihe durch Laurentreihe ersetzen

Laurentreihe enthält im Gegensatz zur Taylorreihe reziproke Terme L/D

$$g(z) = ... + \frac{a_{-2}}{z^2} + \frac{a_{-1}}{z} + a_0 + a_1 z + ... \quad \text{mit} \quad z = D/L \tag{4.49}$$

alle nichtreziproken Taylorglieder $a_1 = 0, ..., a_n = 0$ ohne Bedeutung

$$\Rightarrow \quad \frac{y}{L} = \frac{F}{E L^2}\left[\widetilde{H}(\frac{x}{L}, 0) + \widetilde{H}'(\frac{x}{L}, 0)\frac{L}{D} + \frac{1}{2!}\widetilde{H}''(\frac{x}{L}, 0)\,(\frac{L}{D})^2 + ...\right] \tag{4.50}$$

- Spiegelung um $x = 0 \Rightarrow y(L) = y(-L)$

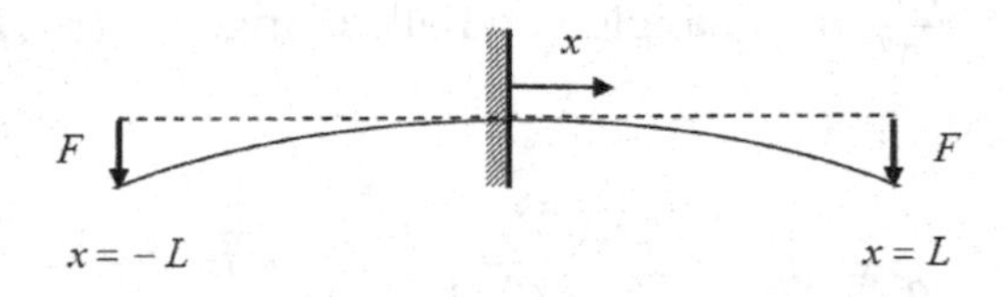

Symmetrie bei Spiegelung um die Einspannstelle

→ nur gerade Glieder der Laurentreihe von Bedeutung

$$\frac{y}{L} = \frac{F}{E L^2}\left[\tilde{H}(\frac{x}{L},0) + \frac{1}{2!}\tilde{H}''(\frac{x}{L},0)\,(\frac{L}{D})^2 + \frac{1}{4!}\tilde{H}^{IV}(\frac{x}{L},0)\,(\frac{L}{D})^4 ...\right] \tag{4.51}$$

- $y \to 0$ für $D \to \infty \Rightarrow \tilde{H}(\frac{x}{L},0) = 0$

$$\to \frac{y}{L} = \frac{F}{E L^2}\left[\frac{1}{2!}\tilde{H}''(\frac{x}{L},0)\,(\frac{L}{D})^2 + \frac{1}{4!}\tilde{H}^{IV}(\frac{x}{L},0)\,(\frac{L}{D})^4 + ...\right] \tag{4.52}$$

- Entwicklung um $x/L = 0$

$$\frac{y}{L} = \frac{F}{E L^2}\left[\frac{1}{2!}\tilde{H}''(\frac{x}{L},0)\,(\frac{L}{D})^2 + \frac{1}{4!}\tilde{H}^{IV}(\frac{x}{L},0)\,(\frac{L}{D})^4 ...\right]$$

mit $\tilde{H}''(\frac{x}{L},0) = \left[\alpha_1 + \beta_1\frac{x}{L} + \gamma_1(\frac{x}{L})^2 + ...\right](\frac{L}{D})^2 = Z_1(x/L)\,(\frac{L}{D})^2$

$\tilde{H}^{IV}(\frac{x}{L},0) = \left[\alpha_2 + \beta_2\frac{x}{L} + \gamma_2(\frac{x}{L})^2 + ...\right](\frac{L}{D})^4 = Z_2(x/l)\,(\frac{L}{D})^4$

$$\to \frac{y}{L} = \frac{F}{E L^2}\left[Z_1\,(\frac{L}{D})^2 + Z_2\,(\frac{L}{D})^4\right] = Z_1\frac{F}{E D^2} + Z_2\frac{F L^2}{E D^4}$$

↑ unabhängig von L

Auffälligkeit: Term $Z_1 \frac{F}{E D^2}$ unabhängig von Balkenlänge $L \Rightarrow Z_1 = 0$

$$\to \frac{y}{L} = \left[\alpha_2 + \beta_2\frac{x}{L} + \gamma_2(\frac{x}{L})^2 + \delta_2(\frac{x}{L})^3 + ...\right]\frac{F L^2}{E D^4} \tag{4.53}$$

- Randbedingungen

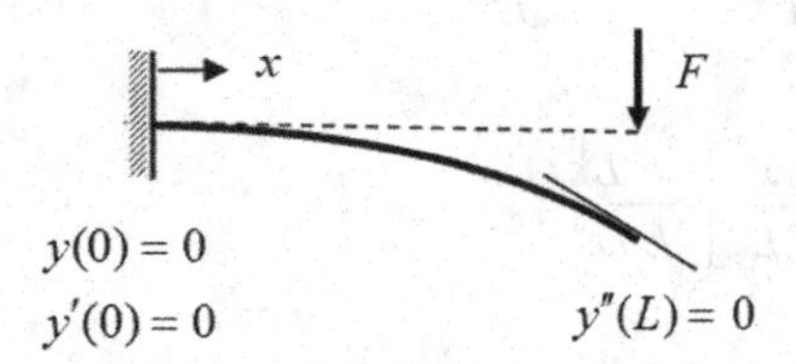

$y(0) = 0:$

$$\frac{y}{L} = \left[\alpha_2 + \beta_2 \frac{x}{L} + \gamma_2 (\frac{x}{L})^2 + \delta_2 (\frac{x}{L})^3 + ... \right] \frac{F L^2}{E D^4}$$

$$\Rightarrow \alpha_2 = 0$$

$y'(0) = 0:$

$$(\frac{y}{L})' = \left[\beta_2 + 2\,\gamma_2 (\frac{x}{L}) + 3\,\delta_2 (\frac{x}{L})^2 + ... \right] \frac{F L^2}{E D^4}$$

$$\Rightarrow \beta_2 = 0$$

$y''(L) = 0:$

$$(\frac{y}{L})'' = \left[2\,\gamma_2 + 6\,\delta_2 (\frac{x}{L}) + ... \right] \frac{F L^2}{E D^4}$$

$$\Rightarrow 2\,\gamma_2 + 6\,\delta_2 = 0$$

Insgesamt kann damit die Präsentanz

$$
\begin{aligned}
y &= \left[\gamma_2 (\frac{x}{L})^2 + \delta_2 (\frac{x}{L})^3 + \ldots \right] \frac{F\,L^3}{E\,D^4} \\
&= \gamma_2 \, (\frac{x}{L})^2 \left[1 - \frac{1}{3} (\frac{x}{L}) \right] \frac{F\,L^3}{E\,D^4}
\end{aligned}
\tag{4.54}
$$

angegeben werden. Alle a priori zur Verfügung stehenden Informationen sind jetzt vollständig ausgeschöpft. Es bleibt eine einzige Konstante γ_2 unbestimmt, die sich mit einem einzigen Experiment leicht zu finden lässt.

Ganz nebenbei sind wir mit der vollständigen Ausschöpfung des Balkenproblems auf das Flächenträgheitsmoment $J \sim D^4$ und damit auch auf $E\,D^4$ als Maß für die Biegesteifigkeit des Balken mit Kreisquerschnitt gestoßen, ohne dass hierzu Detailkenntnisse erforderlich waren. Im Fach Technische Mechanik wird man in der Lehre mit dem Flächenträgheitsmoment $J = (\pi/64)\, D^4$ vertraut gemacht. Umformuliert auf diese Art der Darstellung kann die Präsentanz in der Form

$$
y = \frac{32}{\pi} (\frac{x}{L})^2 \left[1 - \frac{1}{3} (\frac{x}{L}) \right] \frac{F\,L^3}{E D^4} = \frac{1}{2} (\frac{x}{L})^2 \left[1 - \frac{1}{3} (\frac{x}{L}) \right] \frac{F\,L^3}{E\,J} \tag{4.55}
$$

mit $\gamma_2 = 32/\pi$ geschrieben werden.

Mit Hilfe der Π-Theorem Methodik lassen sich bei voller Ausschöpfung aller a priori für einen technologischen Sonderfall bekannten Informationen offensichtlich die grundlegenden Zusammenhänge eines Problems für den praktischen Gebrauch ohne große theoretische Anstrengungen elementar finden.

4.6.3 Gesamtpräsentanz als Verknüpfung von Grenzfällen

Wir betrachten eine verlustfreie Strömung im Schwerefeld der Erde, deren Gesamtenergie/Volumen im gesamten Strömungsfeld konstant ist.

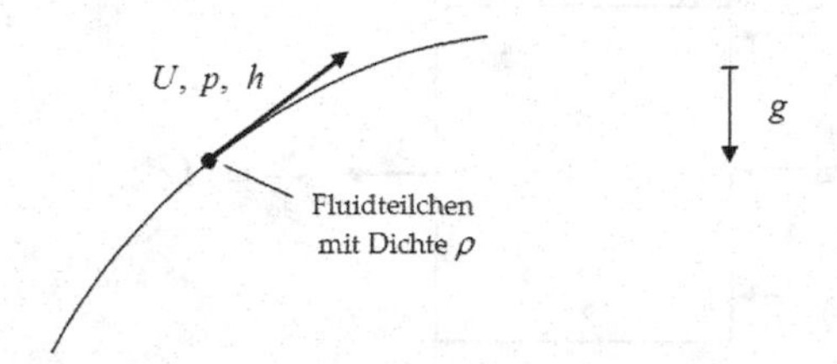

Bild 4.25 Strom- und Bahnlinie eines Fluidteilchens

Wir denken uns in einem Punkt des Strömungsfeldes die Strömungsgeschwindigkeit U aufgeprägt und suchen eine Korrelation mit den zugehörigen Werten für den Druck p und die geodätische Höhe h, die unabhängig vom Ort stets auf die gleiche Gesamtenergie/Volumen e führt.

Diese Situation kann in der dimensionsbehafteten Darstellung

$U \rightarrow$, $p \rightarrow$, $h \rightarrow$ $\boxed{\rho, g}$ $\rightarrow e = e(U, p, h, \rho, g) = C$

Bild 4.26 Dimensionsbehaftete systemtechnische Darstellung

nachgestellt werden, der die Dimensionsmatrix

	e	U	p	h	g	ρ
L	−1	1	−1	1	1	−3
M	1	0	1	0	0	1
T	−2	−1	−2	0	−2	0

(4.56)

zugeordnet ist.

Mit den repräsentativen Größen für den Druck $p^* = \rho U^2$, die geodätische Höhe $h^* = U^2 / g$ und die Geschwindigkeit U^*, die hier nur die aufgeprägte Geschwindigkeit U selbst sein kann, erhält man mit der entdimensionierte Darstellung

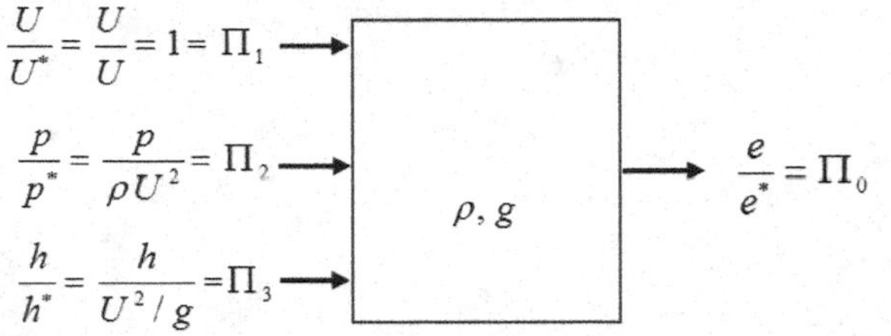

$$\frac{U}{U^*} = \frac{U}{U} = 1 = \Pi_1 \rightarrow$$

$$\frac{p}{p^*} = \frac{p}{\rho U^2} = \Pi_2 \rightarrow \quad [\rho, g] \quad \rightarrow \frac{e}{e^*} = \Pi_0$$

$$\frac{h}{h^*} = \frac{h}{U^2 / g} = \Pi_3 \rightarrow$$

Bild 4.27 Dimensionsfreie systemtechnische Darstellung

formal den gesuchte Zusammenhang in impliziter Form

$$\Pi_0 = C = G(\Pi_1 = 1, \ \Pi_2 = \frac{p}{\rho U^2} = Eu, \ \Pi_3 = \frac{g h}{U^2} = \frac{1}{Fr}) \tag{4.57}$$

der die Eulerzahl Eu mit der Froudezahl Fr verknüpft.

Dieser noch zu allgemeine Zusammenhang (4.57) muss jetzt mit a priori zur Verfügung stehenden Kenntnissen interpretiert und weiter vereinfacht werden.

Beachten wir, dass die Darstellung (4.57) unabhängig von der Existenz der einzelnen Anteile gültig sein soll, folgt, dass die drei Argumente der Funktion additiv verknüpft sein müssen:

$$G(1, \frac{p}{\rho U^2}, \frac{g h}{U^2}) \quad \rightarrow \quad C = A + B \frac{p}{\rho U^2} + C \frac{g h}{U^2} \tag{4.58}$$

Die Multiplikation mit ρU^2 führt auf den Zusammenhang

$$\tilde{C} = A \rho U^2 + B p + C g \rho h \tag{4.59}$$

der schon jetzt die Bernoullische Gleichung für verlustfreie Strömungen mit Fluiden konstanter Dichte erkennen lässt.

Die Konstanten A, B, C beschaffen wir uns aus zwei Grenzfällen, die sich experimentell elementar darstellen lassen.

Der 1. Grenzfall mit verschwindender Geschwindigkeit $U \to 0$ im gesamten Strömungsfeld ist die Hydrostatik, die uns aus dem Vergleich von

$$\widetilde{C} = B\, p + C\, g \rho h \tag{4.60}$$

mit einer einzigen hydrostatischen Messungen die Werte $B = C = 1$ liefert.

Damit gilt jetzt

$$\widetilde{C} = A \rho U^2 + p + g \rho h \tag{4.61}$$

und es ist nur noch eine Information zur Festlegung der Konstanten A erforderlich.

Der 2. Grenzfall liefert bei invarianter geodätischer Höhe mit der lokal in einem Staupunkt verschwindenden Geschwindigkeit die Information

$$p\big|_{U=0} = p + A\, \rho U^2 \tag{4.62}$$

die wiederum mit einer einzigen Messung zu beschaffen ist, aus der die noch unbekannt konstante zu $A = 1/2$ abgelesen werden kann.

Damit steht als Gesamtpräsentanz die Bernoullische Gleichung zur Verfügung

$$\widetilde{C} = \frac{\rho}{2} U^2 + p + g \rho h \tag{4.63}$$

die allein mit Hilfe der Π -Theorem Methodik und der kreativen Nutzung der a priori erkennbaren Unabhängigkeit zwischen den Argumenten zur Beschreibung der physikalisch verschiedenen Energien/Volumen und zweier elementarer Zusatzexperimente gefunden wurde, der in dimensionsfreier Formulierung die Darstellung

$$C = \frac{1}{2} + Eu + \frac{1}{Fr} \tag{4.64}$$

mit der Eulerzahl Eu und der Froudezahl Fr entspricht.

Die geforderte Unabhängigkeit der Effekte, die zur additiven Darstellung der mit Hilfe des Π -Theorems (4.57) gefundenen Kennzahlen

$$\Pi_1 = 1, \quad \Pi_2 = \frac{p}{\rho U^2} = Eu, \quad \Pi_3 = \frac{g h}{U^2} = \frac{1}{Fr} \tag{4.65}$$

und damit zur Darstellung in der Form der Bernoullischen Gleichung

$$\widetilde{C} = \frac{\rho}{2} U^2 + p + g \rho h \tag{4.66}$$

geführt hat, kann als komposite Darstellung der Sonderfälle

$$\begin{aligned}
p \to 0 \qquad & \widetilde{C} = \frac{\rho}{2} U^2 + g \rho h \\
U \to 0 \qquad & \widetilde{C} = p + g \rho h \\
h \to 0 \qquad & \widetilde{C} = \frac{\rho}{2} U^2 + p
\end{aligned} \tag{4.67}$$

gesehen werden. Dies zeigt uns einerseits, dass durch die Fokussierung auf Sonder- oder Grenzfälle stets drastische Vereinfachungen für den praktischen Gebrauch zu erreichen sind, andererseits affine Sonderfälle in übergeordnete Strukturen eingebunden werden können.

5 Modell und Original

Die Übertragung der am Modell gewonnenen Erkenntnisse auf das Original im Rahmen der Modelltechnik ist mit Ähnlichkeitsgesetzen verknüpft. Ziel dieser Modelltechnik ist, dass am Modell gewonnene Erkenntnisse nicht immer wieder durch neue aufwendige Experimente zu ergänzen oder zu wiederholen sind, um diese auf das Original anwenden zu können.

Für die verschiedenartigsten technischen Probleme und Fragestellungen sind jeweils adäquate Ähnlichkeiten zu nutzen. Wir wollen dies an zwei Beispielen erläutern.

Mit dem ersten Beispiel aus dem Bereich der Strömungsmechanik wird die Umrechenbarkeit der an einer kleinen Kugel (Modell) gemessenen Haltekraft auf die Haltekraft einer großen Kugel (Original) gezeigt.

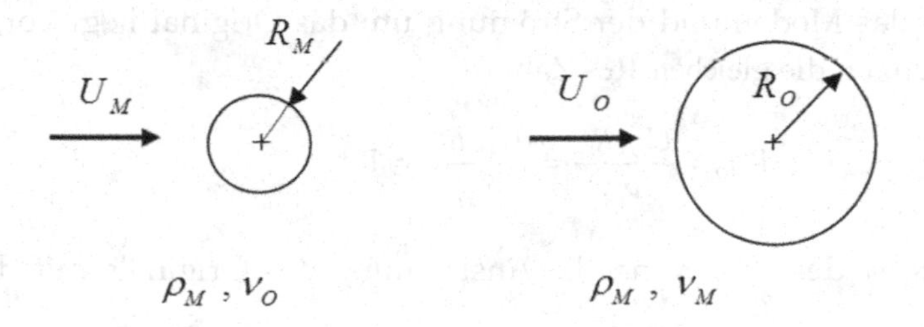

Bild 5.1 Umströmung einer Modell- und einer Originalkugel

Führt man Messungen mit einer Modellkugel und einem willkürlich ausgewählten Fluid durch, kann man die Messergebnisse

$$\frac{F}{\rho U^2 R^2} = G\left(\frac{U\,R}{\eta/\rho}\right) \qquad \text{mit} \quad \eta/\rho = \nu \tag{5.1}$$

wie in Bild 4.4 in Abschn. 4.1 darstellen. In dieser Darstellung entspricht eine einzige Modellmessung einem einzigen Messpunkt, der in Bild 5.2 nochmals gesondert dargestellt ist.

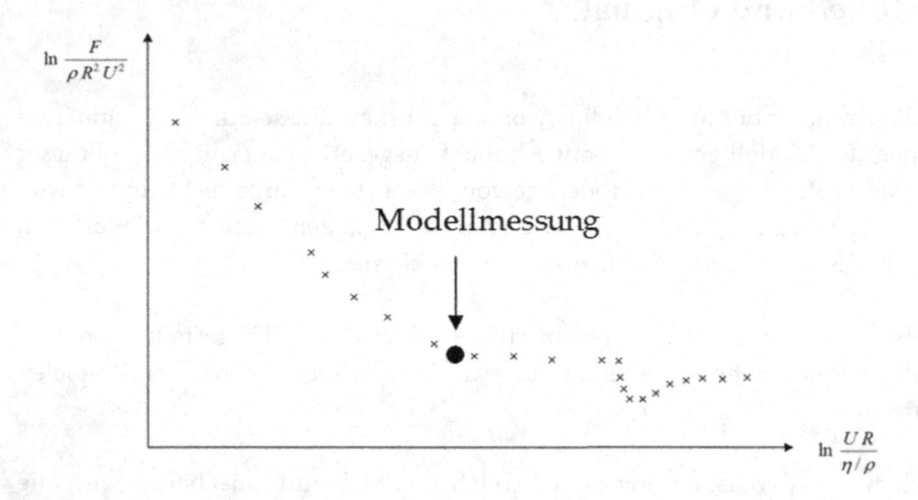

Bild 5.2 Mit Modell erzeugter Messpunkt

Die hier charakteristische strömungsmechanische Ähnlichkeit zwischen der Strömung um das Modell und der Strömung um das Original liegt vor, wenn beiden Strömungen die gleichen Re- Zahl

$$\mathrm{Re}_O = \frac{U_O\, R_O}{\nu_O} = \frac{U_M\, R_M}{\nu_M} = \mathrm{Re}_M \tag{5.2}$$

eigen ist. Dies ist der Fall, wenn die Anströmung des Originals mit der Geschwindigkeit

$$U_O = \frac{R_M}{R_O}\,\frac{\nu_O}{\nu_M}\,U_M \tag{5.3}$$

erfolgt. Dann ist der mit dem Modell gemessene Messpunkt identisch mit dem des Originals, so dass

$$\frac{F_O}{R_O^2 U_O^2\, \rho_O} = \frac{F_M}{R_M^2 U_M^2\, \rho_M} \tag{5.4}$$

gilt und aufgelöst nach F_0 die Haltekraft

$$F_O = \frac{R_O^2\, U_O^2\, \rho_O}{R_M^2 U_M^2\, \rho_M}\, F_M \tag{5.5}$$

für die Originalkugel abgelesen werden kann. Im Grenzfall gleicher Geometrie, gleicher Anströmung und gleichem Fluid werden die Kräfte identisch.

Das zweite Beispiel stammt aus dem Bereich der Konstruktionstechnik. Es wird ein Knickstab (Durchmesser D, Querschnitt $D^2\pi/4$, Länge L) betrachtet, dessen Verhalten mit einem Modellexperiment abgesichert werden soll.

Das Modell ist aus einem Material M mit einem Elastizitätsmodul E_M und das auszuführende Original aus einem Material O mit dem Elastizitätsmodul $E_O \neq E_M$ gefertigt. Der Modellstab ist eine maßstabsgetreue Verkleinerung des Originals.

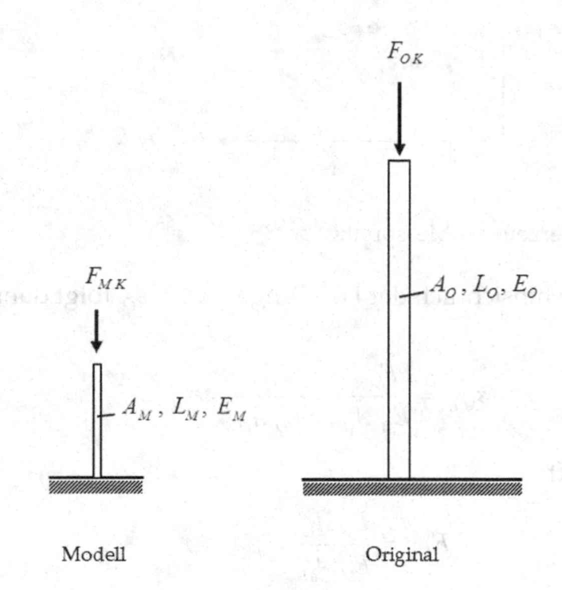

Bild 5.3 Ausknicken eines Modell- und eines Originalstabs

Im Experiment wird beim Ausknicken des Modellstabs eine Knickkraft F_{MK} gemessen. Die hier charakteristische mechanische Ähnlichkeit (Hooke-Zahl: $Ho = F/EL^2 = \sigma A/EL^2 \sim (D/L)^2(\sigma/E) \sim \varepsilon$) liegt vor, wenn sich die Dehnung am Modell wie die Dehnung am Original verhält. Durch die Nutzung der Gleichheit der elastischen Dehnungen $\varepsilon_M = \varepsilon_O$ kann die am Modell gemessene Knickkraft F_{MK} in die Knickkraft F_{OK} am Original umgerechnet werden.

Mit der gemessenen Knickkraft am Modell F_{MK} und der zugehörigen Spannung $\sigma_{MK} = F_{MK} / A_M$ kann unter Beachtung des Elastizitätsmoduls E_M die zugehörige Dehnung $\varepsilon_{MK} = \Delta L_{MK} / L_M = \sigma_{MK} / E_M$ wie im Zugversuch in Abschn. 1.1 (Bild 1.10) angegeben werden.

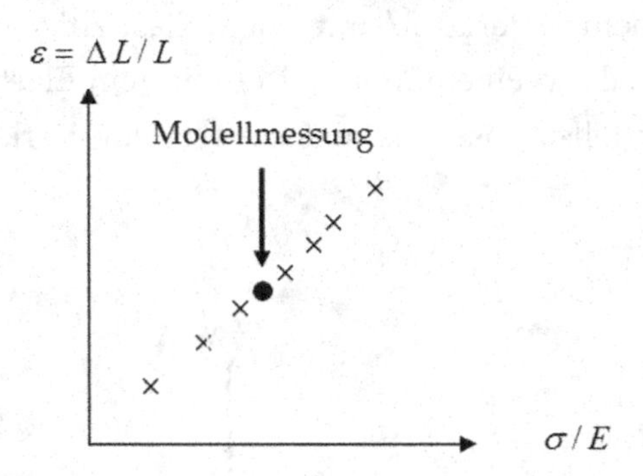

Bild 5.4 Mit Modell erzeugter Messpunkt

Mit der Ähnlichkeit hinsichtlich der Dehnungen $\varepsilon_M = \varepsilon_O$ folgt dann aus

$$\varepsilon_{MK} = \frac{F_{MK}}{E_M A_M} = \frac{F_{OK}}{E_O A_O} = \varepsilon_{Ok} \tag{5.6}$$

sofort die Knickkraft

$$F_{OK} = \frac{E_O A_O}{E_M A_M} F_{MK} \tag{5.7}$$

für den Originalstab. Im Grenzfall gleicher Geometrie und gleichen Materialien werden die Kräfte am Original mit dem am Modell identisch.

Wie gezeigt, lassen sich mit Hilfe der Π -Theorem Methodik Kennzahlen finden. Durch Einhaltung dieser die Ähnlichkeit wiederspiegelnden Kennzahlen lassen sich Messungen am Modell auf das Original übertragen und so durch Reduzierung des Zeitauwandes Kosten einsparen.

Bleiben alle dimensionslosen Kennzahlen, die ein technologisches System beschreiben, zwischen Original und Modell gleich, verhalten sich beide Systeme ähnlich. Ergebnisse aus dem Modell können dann ohne Einschränkung auf das Original übertragen werden. Aus der Gleichheit der dimensionslosen Kennzahlen ergeben sich Anforderungen an das Modell, zu denen stets auch die geometrische Ähnlichkeit zwischen Original und Modell gehört.

Im Allgemeinen liegen jedoch viele variable Kennzahlen vor, die nicht alle gleichzeitig eingehalten werden können. Das mit bei P1-Systemen so erfolgreiche Π-Darstellungsverfahren reicht dann nicht aus, um die erforderliche Anzahl an Messungen auf ein ökonomisches Mindestmaß herabdrücken zu können. Deshalb muss bei der Darstellung von PN-Systemen (N>1) noch intensiver auf die Ausnutzung problemspezifischer Eigenschaften geachtet werden. Die allein mit dem Π-Theorem erreichte Strukturierung muss im Einzelfall verschärft und vollständig ausgeschöpft werden. Diese Verschärfungen, die teilweise schon in den vorangegangenen Beispielen genutzt wurden, sind stets möglich, da jede Lösung eines speziellen Problems stets ein ganz außerordentlicher Sonderfall (Abschn. 1.4) aus der Mannigfaltigkeit aller Lösungen ist.

Das Lösen von Problemen mit Hilfe der Π-Theorems und vor allem das bei einer großen Anzahl von Kennzahlen unverzichtbare Ausschöpfen aller a priori zur Verfügung stehenden Informationen, die vielfältig mit dem jeweils zu lösenden Problem verknüpft sind, ist Hauptziel des vorliegenden Buches, das aber von den Anwendern oft eine als spirituell empfundene Kreativität fordert, um mit dieser Arbeitsweise wirklich erfolgreich sein zu können.

Die oft mangelnde Kreativität der Ingenieure versucht man heute durch den Ersatz und die Anwendung von Rechenprogrammen zu überspielen. Es wird immer mehr Rechentechnik zum Einsatz gebracht, ohne dass es im Ingenieurbereich wirklich zu neuen Erkenntnissen kommt. Es wird alles nur im Detail komplexer und zugleich verschwommener, ohne das Wesentliche besser verstehen zu können.

Motto: *Wenn schon keine kreativen Mitarbeiter zur Verfügung stehen, müssen wenigstens intelligente Rechenprogramme verfügbar sein, die von den weniger kreativen Mitarbeitern betätigt werden können.*

Heute steht oft nicht die Wahrheit über technologische Sachverhalte im Vordergrund, sondern man glaubt lieber das, was mit den Computern ausgerechnet wird. Mit Computern kann nur in einem isolierten Fachgebiet, in dem nichts wirklich Neues geschieht, die Arbeit mit nicht kreativen Menschen verrichtet werden. Die Erfahrung und Beobachtung zeigt, dass bei Weiterentwicklungen immer wieder an den Rechenprogrammen manipuliert wird, ohne je einen

Endstand erreichen zu können (Abschn. 1.4.: Epizyklisches Gebahren im Rechnerzeitalter).

Eine Eindämmung der Π-Kennzahlen und eine gesteigerte Effizienz kann im Ingenieurbereich auch durch sinnvolle Konstruktionselemente erreicht werden. Etwa die Idee der Schlankheit (Stab: $D/L << 1$, Balken: $H/L << 1$, Platte: $s/L << 1$, $s/B << 1$) sollte nicht aufgegeben werden, nur weil heute mit Finite-Elementprogrammen auch nicht-schlanke Geometrien rechenbar sind. Konstruktionselemente sollten gänzlich auf die zu erfüllende Aufgabe zugeschnitten sein. Diese sinnvollen konstruktiven Eigenschaften lassen sich auch im Rahmen der Π-Theorem Methodik vorzüglich für vielfältige Vereinfachungen etwa bei Reihenentwicklungen nutzen, die mit den Aufgaben und Lösungen am Ende des Buches (in Abschn. 10) auf einem weit gefächerten Niveau vorgeführt werden.

Der in der Industrie immer weiter gesteigerte Einsatz von digitalen Techniken ist auch mit der Massenfertigung verknüpft. In diesem Bereich ist der Einsatz digitaler Techniken angebracht, der aber nichts mit dem Verlangen nach einem besseren Grundwissen zu tun hat.

Diese Situation ist auch im ökonomischen Bereich stark ausgeprägt. Aber auch hier ist zwischen dem numerischen Arbeitsalltag und dem Ziel eines besseren Verständnisses des Wirtschaftens zu unterscheiden.

Grundsätzlich ist beim Einsatz und dem Umgang mit Computern darauf zu achten, dass die technologische und wissenschaftliche Weiterentwicklung nicht behindert wird. Kreativität und Schöpfung müssen Vorrang behalten.

Motto: *Wenn wir in der Steinzeit schon Computer gehabt hätten,*
hätten wir heute die exzellentesten Steinäxte, aber auch sonst nichts.

6 Monetär-technologisches Wechselspiel

Ein produzierendes Unternehmen besteht aus einem technologischen und einem monetären Bereich, in dem Ingenieure und Kaufleute zusammenarbeiten, um Produkte herstellen und vermarkten zu können.

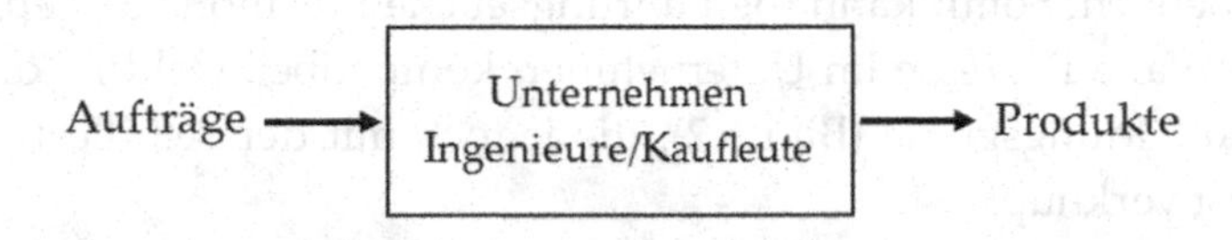

Bild 6.1 Unternehmen als Symbiose des technologischen und monetären Bereichs

Die innere Unternehmensstruktur ist so zu organisieren, dass alle Mitarbeiter auf die von ihren Chefs vorgegebenen Anweisungen in wohl definierter Weise reagieren und durch dieses Zusammenwirken schließlich Produkte entstehen. Die Informationen der Chefs, die diese in Anweisungen für die Mitarbeiter umsetzen, stammen aber nicht nur aus dem Inneren des Unternehmen selbst, sondern auch aus der ökonomischen Umgebung des Unternehmens, die wir allgemein als Markt bezeichnen. Dies ist leicht einzusehen, denn willkürliche nicht den Marktmechanismen gehorchende Entscheidungen der Firmenführer, die etwa zu nicht verkaufbaren Produkten führen, würden unweigerlich den Bankrott des Unternehmens bewirken. Ein Unternehmen muss also das Ziel der bestmöglichen Marktanpassung verfolgen, die sich aus den Wechselwirkungen des Unternehmens mit dem Markt und letztlich mit der Gesellschaft ergeben. Dies ist nur möglich, wenn sich die Organisationsstruktur innerhalb eines Unternehmens ständig an die sie betreffende Marktsituation anpasst. Festgefahrene Führungshierarchien stehen dem im Wege und müssen durch ein flexibleres System ersetzt werden, das den Markteinflüssen folgt. Zur Erreichung dieses Optimierungsziels denken wir uns die einzelnen Unterstrukturen eines Unternehmens als ein vernetztes System. Durch Kontrolle aller Ein- und Ausgangsdaten einer jeden Unterstruktur im Unternehmen kann deren Produkteffizienz ermittelt werden. Dabei ist eine möglichst ausgewogene Effizienz aller Unterstrukturen durch Umorganisation anzustreben. Insbesondere Abteilungen mit gar nicht vorhandener Produkteffizienz sind zu eliminieren. In dieser Vorstellung ist eine Firma ein lebendiger Organismus, der sich in seiner Umwelt durch Selbstorganisation immer wieder neu anpasst [18].

6.1 Abbildung technologischer Größen in monetäre Größen

Neben den Einflüssen des Marktes sind die Informationen aus dem Inneren des Unternehmens von Bedeutung, die der Führungsebene zur Verfügung gestellt werden müssen. In einem produzierenden Unternehmen sind diese Informationen ursprünglich technologisch-naturwissenschaftlich geprägt. Da es keine universelle technologische Vergleichsgröße gibt, auf die alle technologischen Größen kompatibel abbildbar wären, bleibt allein die monetäre Abbildung auf Geld. Die Dimensionshomogenität erzwingt die monetäre Darstellung im kaufmännischen Bereich. Somit kann die Führungsebene nur monetär geprägt sein. Nur so werden alle Prozesse im Unternehmen kompatibel. Geld ist die einzige kompatible Abbildungsgröße (Bild 6.2), die jedoch mit der Achillesferse Informationsverlust verknüpft ist.

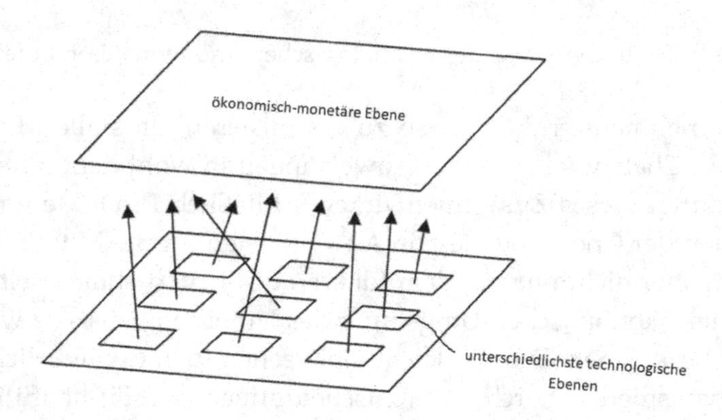

Bild 6.2 Abbildung und Übertragung technologischer Größen auf die monetäre Ebene

Eine detaillierte Monetarisierung der unterschiedlichsten technologischen Detailebenen zu einem monetären Gesamtbild mit allen Verästelungen im Unternehmen, die noch alle technologische Detailinformationen in sich tragen, ist aus kaufmännischer Sicht zu komplex und nur schwer handhabbar. Deshalb werden technologische Detailbereiche zu Einheiten im Unternehmen (Abteilungen, Bereiche) zusammengefasst. Schon allein diese Unternehmensstrukturierung führt zu Verlusten an Detailkenntnissen, die zudem mit der Willkür der Zusammenfassung der Detailbereiche gepaart sind.

Die Umrechnung der technologischen Größen in Geld (Bild 6.3), die an die monetäre Ebene des Unternehmens weitergereicht werden

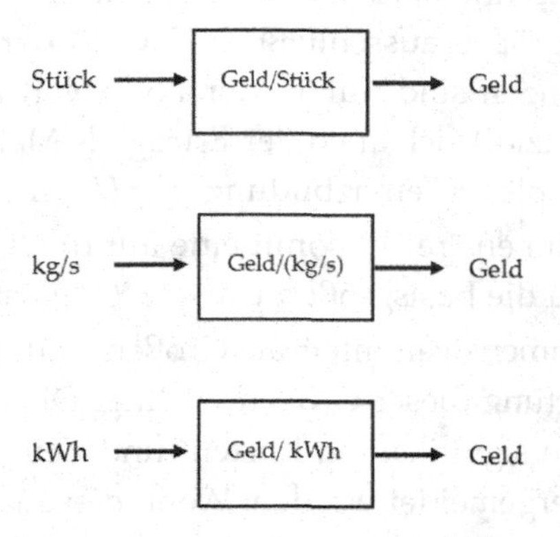

Bild 6.3 Abbildung technologischer Größen in Geld

leistet das interne Rechnungswesen des Unternehmens. Je unreflektierter und je weniger technologisch hinterfragt diese Geldinformationen an die monetäre Entscheidungsebene geliefert werden, umso häufiger sind Fehlentscheidungen für das Unternehmen zu erwarten.

6.2 Gemeinsamkeiten der technologischen und monetären Bereiche

Im Bereich der Ingenieure geht es um die Entwicklung neuer Produkte und Verfahren. Um hier erfolgreich sein zu können, werden die Naturwissenschaften genutzt. Hier steht insbesondere die Nutzung der Dimensionshomogenität in Form des Π -Theorems (Abschn. 2) und der vollständigen Ausnutzung aller zur Verfügung stehenden Zusatzinformationen des speziellen Problems (Abschn. 4.6) im Vordergrund, um effizient Entwicklungsziele hinsichtlich Zeit und Kosten erreichen zu können.

In Analogie zur technologischen Vorgehensweise kann im monetären Bereich mit dem Zusammenhang zwischen der Zielgröße Ertrag E und den Einflussgrößen Umsatz U, Kosten K in der systemtechnischen Darstellung

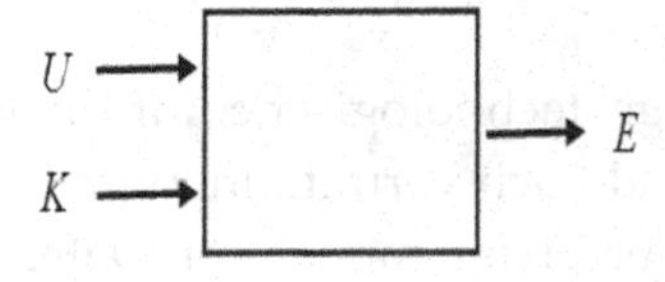

Bild 6.4 Monetäre systemtechnische Darstellung

operiert werden. Anders als im technologischen Bereich sind im monetären Bereich die Ziel- und die Einflussgrößen ausschließlich in Geld dargestellte Größen. Mathematische Verknüpfungen sind nur in der Form von Addition und Subtraktion möglich. Damit reduziert sich auch der Ertrag als Maß für die Güte eines Unternehmens auf die simple Differenzbildung $E = U - K$. Zur Handhabung im Inneren eines Unternehmens reicht somit eine auf die lineare Algebra beschränkte Mathematik aus. Da die Basisgrößen Umsatz U, Kosten K, Ertrag E in dieser monetären Unternehmenswelt integrale Größen sind, ist die Art der Zusammenstellung und Beschaffung dieser Größen wichtig. Die allein im technologischen Bereich erreichbaren signifikanten Kosten- und Zeiteffekte können nur in die monetäre Ebene weitergemeldet werden. Wenn diese Weiterreichung unqualifiziert (etwa durch Controller ohne technologischen Hintergrund) erfolgt, können die Informationen in Geld von den Verantwortlichen in der monetären Ebene nicht sinnvoll interpretiert und angewendet werden. Diese Situation verschärft sich, wenn den in der monetären Ebene handelnden Personen immer weniger technologisches Hintergrundwissen eigen ist. Die vom internen Rechnungswesen gelieferten monetären Daten (Bild 6.5) müssen ohne die Fähigkeit zu einer Überprüfung der Sinnhaftigkeit der gelieferten Daten schlicht geglaubt werden.

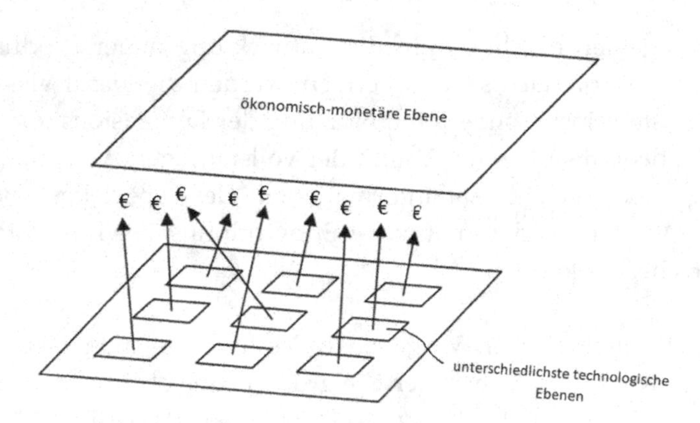

Bild 6.5 Versorgung der Entscheidungsebene mit ausschließlich monetären Daten

Hier fehlen Mittler, die wichtige technologische Informationen für die Entscheidungsebene bereitstellen und auch vermitteln, damit falsche Entscheidungen allein auf der Grundlage verzerrter monetärer Daten vermieden werden können. Derzeit kann in Großunternehmen ein ansteigender Informationsverlust zwischen den technologischen Ebenen und der monetären Entscheidungsebene beobachtet werden, der zusätzlich durch administrative Filter verstärkt wird.

In diesem Zusammenhang sei nochmals auf die im Rahmen dieses Buches angewandten Arbeitsweisen mit Taylorentwicklungen hingewiesen, die auch als sinnvolle Werkzeuge etwa zur Beschreibung des Fertigungsaufwandes von historisch gewachsenen Maschinenstrukturen zum Erkennen von erforderlichen Rationalisierungsmaßnahmen im technologischen Bereich genutzt werden können, die in einem Unternehmen mit ausschließlich monetären Entscheidungsebenen unsichtbar bleiben und deshalb auch nicht hinterfragt werden.

Man stelle sich hierzu eine Maschine mit einem Fertigungsaufwand $G(N_n)$ vor, die zum Zeitpunkt $t = 0$ entwickelt und im Laufe der Zeit immer wieder an neue Herausforderungen angepasst wurde. Mathematisch bedeutet dies, dass die jeweils aktuelle Maschine mit immer mehr Gliedern einer Reihenentwicklung $G(N_0, N_1, N_2, N_3, ...)$ belastet ist.

Einer konkurrierenden Maschine gleicher Funktion, die neuentwickelt mit einem Fertigungsaufwand $\widetilde{G}(N_0)$ auf den Markt gebracht wird, hängen nicht all diese Glieder aus der Vergangenheit an, die konkret mit vielen unnützen Teilen bei der Fertigung verknüpft sind, die sich im Zeitraum von $t = 0$ bis heute kumuliert haben.

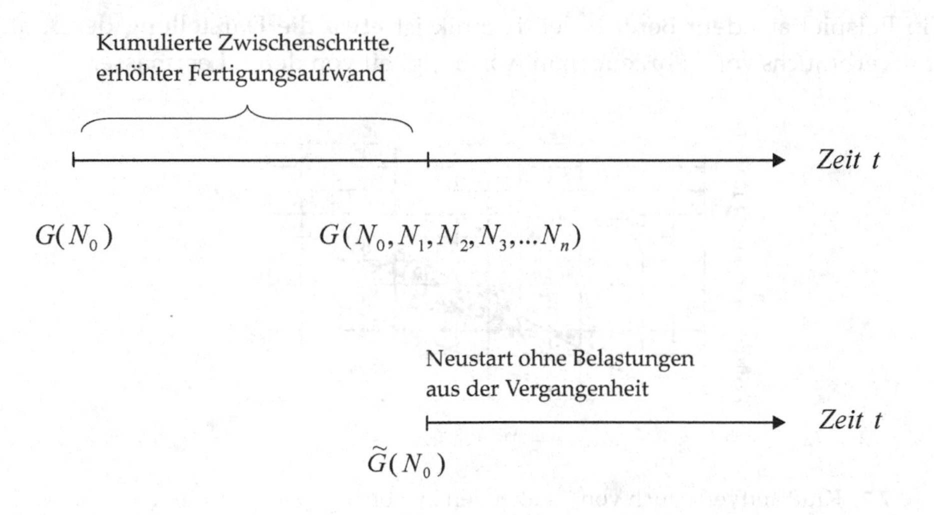

Bild 6.6 Technologische Marktfähigkeit mit und ohne Vergangenheit

7 Allometrie

Allometrie ist das Messen und das Vergleichen von Größen. Allometrische Darstellungen findet man im Bereich der Technik, vor allem aber im Bereich der Natur (Pflanzen, Tiere, Menschen, Knochen, ...).

Die Allometrie benutzt ein Objekt. Die Zielgröße y wird mit Messungen am Objekt in Abhängigkeit von nur einer einzigen Einflussgröße x generiert, die mit dem Objekt (Technik, Natur) real zur Verfügung steht (Bild 7.1). In der Art der Beschaffung ist die Allometrie trivial handwerklich und ein extremer Sonderfall zur Beschaffung eines Zusammenhangs zwischen zwei charakteristischen Größen eines Objekts.

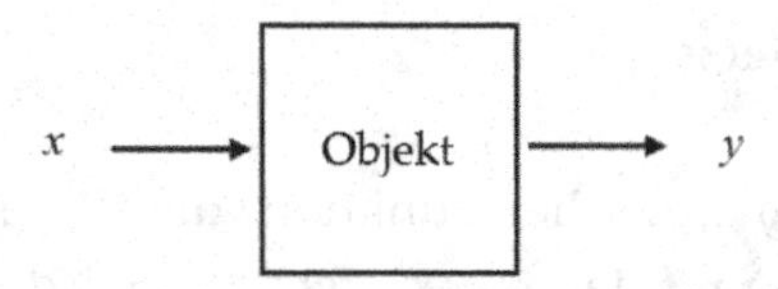

Bild 7.1 Systemtechnische Darstellung der Allometrie

Ein Beispiel aus dem Bereich der Technik ist etwa die Darstellung des Kraftstoffverbrauchs von Fahrzeugen in Abhängigkeit von deren Leermasse.

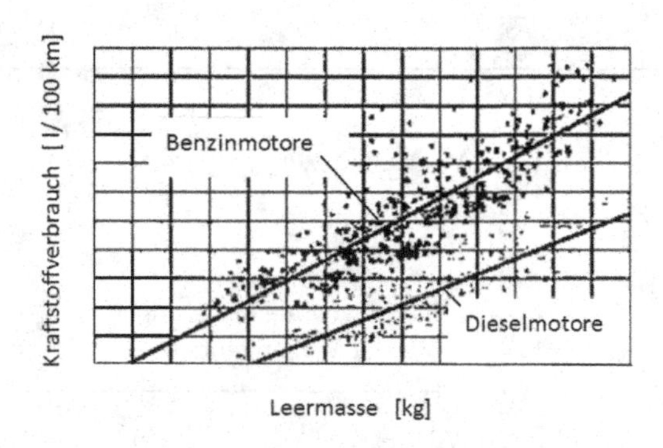

Bild 7.2 Kraftstoffverbrauch von Fahrzeugen in Abhängigkeit von deren Leermasse

Im Bereich der Natur ist Allometrie etwa das Messen und Vergleichen von Beziehungen zwischen der Körpergröße und deren Verhältnis zu verschiedensten biologischen Größen.

Ein Beispiel hierzu ist etwa die Darstellung zwischen dem Körpergewicht und der Körpergröße von Männern.

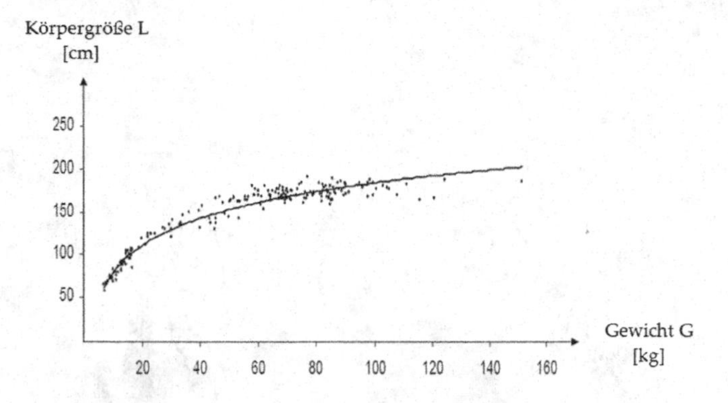

Bild 7.3 Korrelation Körpergröße/Gewicht von Männern

Die Größenverhältnisse innerhalb einer Art können nicht linear ineinander umgerechnet werden. Derartige Darstellungen lassen sich mit der einfachen Gleichung

$$y = a\ x^b \tag{7.1}$$

beschreiben. Mit $b < 1$ kann für $x \leq x_{max}$ ein Sättigungsverhalten und der Grenzfall des verschwindenden Objekts $y \to 0$ für $x \to 0$ nachgestellt werden.

Der allometrische Zusammenhang (7.1) ist insbesondere auch für die logarithmische Darstellung prädestiniert:

$$\log y = \log a + b \log x \tag{7.2}$$

Der Vorteil der logarithmischen Darstellung ist deren Linearität. Die Körpergröße/Gewicht- Korrelation nach Bild 7.3 in doppeltlogarithmischer Darstellung zeigt Bild 7.4

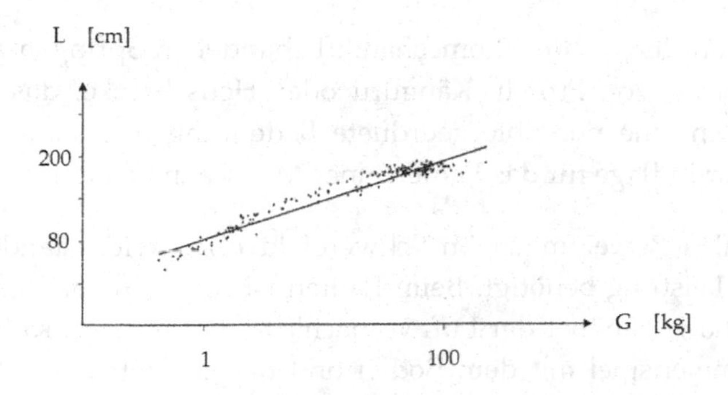

Bild 7.4 Logarithmische Darstellung der Körpergröße/Gewicht-Korrelation

die noch beispielhaft mit einer Durchmesser/Höhen-Korrelation ergänzt wird, wie diese im biologischen Bereich der Allometrie üblich sind [10].

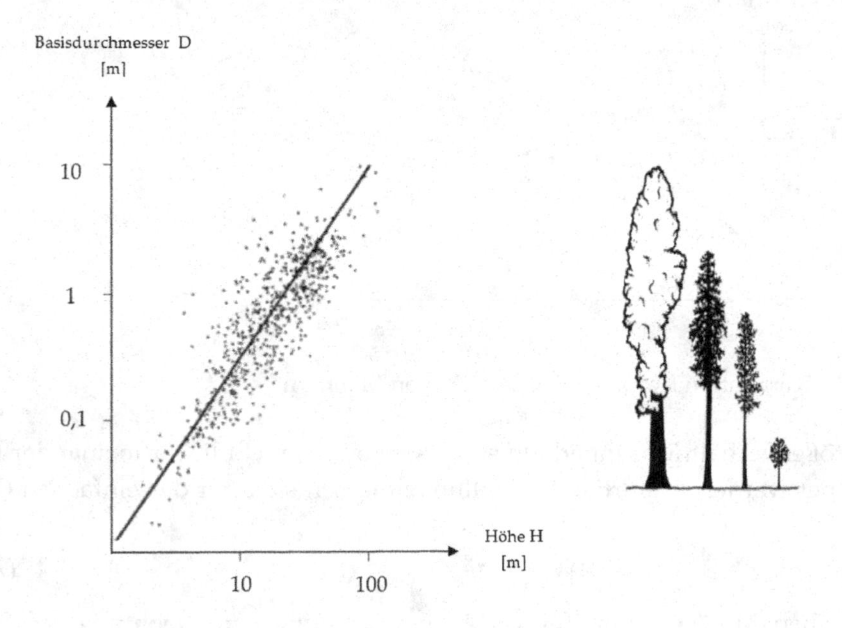

Bild 7.5 Logarithmische Darstellung der Durchmesser/Höhe-Korrelation von Bäumen

Wenn ein derart einfaches handwerkliches Messen nicht möglich ist und mehrere Einflussgrößen vorliegen, kann mit der Π-Theorem Methodik auch im Bereich Natur gearbeitet werden. Erkenntnisse aus dem Bereich der Mechanik lassen sich leicht auf biologische Bereiche übertragen.

Beispielhaft wollen wir das Laufen eines Menschen untersuchen, um die beim Laufen aufzuwendende Leistung in Abhängigkeit von der Bewegung ermitteln zu können.

Ausgehend von dem in der Biomechanik behandelten Springen als Fortbewegungsmöglichkeit von Frosch, Känguru oder Heuschrecke, das beim Laufen eines Menschen eine nur untergeordnete Bedeutung hat, kann das Springen dennoch als Grundlage für das Laufen eines Menschen benutzt werden [11].

Bei horizontalen Bewegungen im Schwerefeld ohne Widerstände wird keine mechanische Leistung benötigt. Beim Laufen ist dies ganz anders. Wenn auch der Widerstand gegenüber der Luft vernachlässigbar ist, sind Kräfte beim Laufen im Zusammenspiel mit dem Boden und den isometrischen Vorgängen in den Gelenken und Muskeln von Bedeutung. Da beim Laufen der Körper periodisch um die Länge Δh gehoben und gesenkt wird, muss die mechanische Leistung

$$P = mg\Delta h \cdot f \tag{7.3}$$

bei der Schrittfrequenz f verfügbar sein.

Betrachtet man die Beine als physikalische Pendel, kann mit dem Zusammenhang zwischen der Pendelfrequenz f und der halben Beinlänge L als wirksame Pendellänge

$$f = \frac{1}{2\pi}\sqrt{\frac{g}{L/2}} \tag{7.4}$$

die Laufgeschwindigkeit U mit der Schrittweite von etwa $S = L$ zu

$$U = 2\,S f = \frac{1}{\pi}\sqrt{2gL} \tag{7.5}$$

abgeschätzt werden, so dass insgesamt zum Laufen die Leistung

$$P = \frac{1}{2\pi}\, m\, g\, \Delta h \sqrt{2g/L} = \frac{1}{2}\,\frac{\Delta h}{L} m g U \tag{7.6}$$

aufzubringen ist.

Formuliert mit der Π-Theorem Methodik, ohne dass dabei die zuvor benutzten mechanischen Kenntnisse benötigt werden, kann wie etwa bei den elementaren Beispielen in Abschn. 3 ausgehend von der dimensionsbehafteten systemtechnischen Darstellung

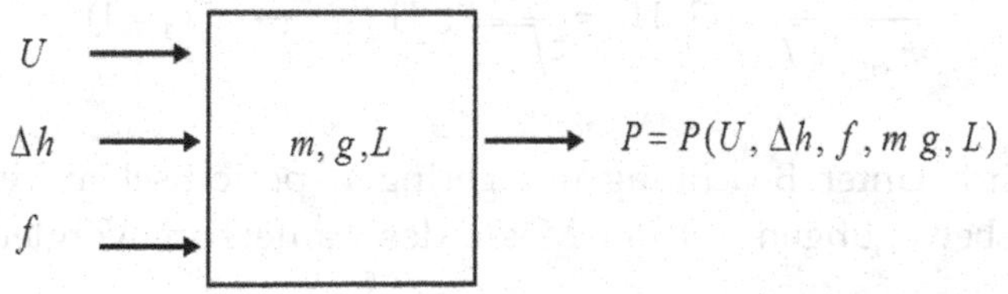

$U \rightarrow$, $\Delta h \rightarrow$, $f \rightarrow$ [m, g, L] $\rightarrow P = P(U, \Delta h, f, m\,g, L)$

Bild 7.6 Dimensionsbehaftete systemtechnische Darstellung

die zugehörige Dimensionsmatrix

	P	U	Δh	f	m	g	L
L	1	1	1	0	0	1	1
M	1	0	0	0	1	0	0
T	−3	−1	0	−1	0	−2	0

(7.7)

angeschrieben werden. Mit den aus der Dimensionsmatrix ablesbaren repräsentativen Größen $P^* = m\,g\sqrt{g\,L}$, $U^* = \sqrt{g\,L}$, $\Delta h^* = \Delta h / L$ und der Frequenz f, die nur mit sich selbst durch $f^* = f$ zu entdimensionieren ist, kann unter Beachtung der systeminvarianten Größen m, g, L die dimensionsfreie systemtechnische Darstellung angeschrieben werden

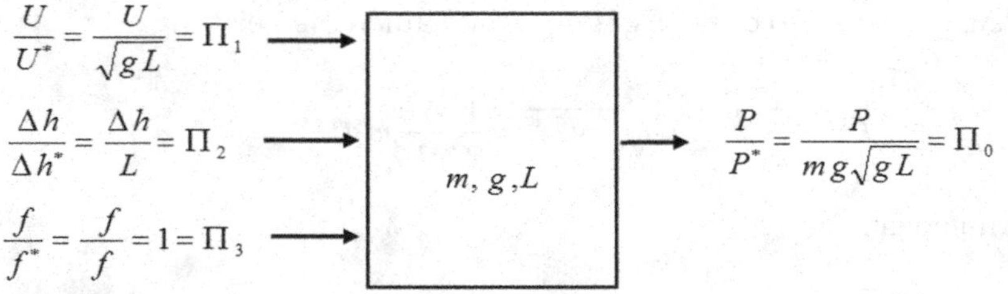

$$\frac{U}{U^*} = \frac{U}{\sqrt{g\,L}} = \Pi_1 \longrightarrow$$

$$\frac{\Delta h}{\Delta h^*} = \frac{\Delta h}{L} = \Pi_2 \longrightarrow \quad \boxed{m,\ g,\ L} \quad \longrightarrow \frac{P}{P^*} = \frac{P}{m\,g\sqrt{g\,L}} = \Pi_0$$

$$\frac{f}{f^*} = \frac{f}{f} = 1 = \Pi_3 \longrightarrow$$

Bild 7.7 Dimensionsfreie systemtechnische Darstellung

so dass der Zusammenhang zwischen den Π - Kennzahlen

$$\Pi_0 = \frac{P}{m\,g\sqrt{g\,L}} = G\left(\Pi_1 = \frac{U}{\sqrt{g\,L}},\ \Pi_2 = \frac{\Delta h}{L},\ \Pi_3 = 1\right) \tag{7.8}$$

gefunden wird. Unter Beachtung der geringen periodischen vertikalen Auf- und Abwärtsbewegungen Δh der Masse des Läufers im Vergleich mit seiner Beinlänge L

$$\Delta h / L \ll 1 \tag{7.9}$$

und der geringen Laufgeschwindigkeit U gegenüber der charakteristischen Geschwindigkeit $\sqrt{g\,L}$

$$U / \sqrt{g L} \ll 1 \tag{7.10}$$

kann der gefundene Zusammenhang (7.8) durch Entwicklung noch vereinfacht werden. Ausgehend von

$$P = m g \sqrt{g L} \cdot G(\Pi_1 = \frac{U}{\sqrt{g L}}, \Pi_2 = \frac{\Delta h}{L}, \Pi_3 = 1) = \tilde{G}(\frac{U}{\sqrt{g L}}, \frac{\Delta h}{L}) \tag{7.11}$$

kann durch die Entwicklung um den Grenzfall der Ruhe mit $U \to 0$

$$\tilde{G}(\frac{U}{\sqrt{g L}}, \frac{\Delta h}{L}) = \tilde{G}(0, \frac{\Delta h}{L}) + \tilde{G}'(0, \frac{\Delta h}{L}) \frac{U}{\sqrt{g L}} + \ldots \tag{7.12}$$

unter Beachtung des verschwindenden ersten Glieds

$$\tilde{G}(0, \frac{\Delta h}{L}) = 0 \tag{7.13}$$

und einer weiteren Entwicklung der noch verbliebenen Funktion $\tilde{G}'$ um den Grenzfall der verschwindenden vertikalen Bewegung mit $\Delta h \to 0$

$$\tilde{G}'(0, \frac{\Delta h}{L}) = \tilde{G}'(0, 0) + \tilde{G}'(0, 0) \frac{\Delta h}{L} + \ldots \tag{7.14}$$

wiederum bei Beachtung des verschwindenden ersten Glieds

$$\tilde{G}'(0,0) = 0 \tag{7.15}$$

die Beschreibung für die beim Laufen benötigte mechanische Leitung

$$\begin{aligned} P &= m g \sqrt{g L} \ \tilde{G}'(0, \frac{\Delta h}{L}) \frac{U}{\sqrt{g L}} \\ &= m g U \cdot \tilde{G}'(0, 0) \frac{\Delta h}{L} \\ &= K \frac{\Delta h}{L} m g U \end{aligned} \tag{7.16}$$

angegeben werden. Bis auf die unbekannte Konstante $K = \tilde{G}'(0,0)$, die im Rahmen der Π-Theorem Methodik wieder experimentell zu ermitteln ist, stimmt die Präsentation (7.16) mit dem unter Benutzung mechanischer Kenntnisse gefundenen Ergebnis (7.6) überein.

8 Naturkonstanten

Zum Ausklang betrachten wir die Verknüpfung zwischen den Dimensionen des SI-Maßsystems und der dargestellten Π -Theorem Methodik, die nicht nur zur Bestimmung relevanter Π -Kennzahlen und deren Anwendungen in der Technology, sondern auch zum Auffinden von Naturkonstanten genutzt werden kann, die uns nochmals die Universalität dieses Gesamtkomplexes zeigt.

Auf das Mystische im Hinblick auf die Weltformel wird hier verzichtet, da allein die Vermittlung der Methodik zum Auffinden technologisch nutzbarer Zusammenhänge das Ziel des vorliegenden Buches ist.

Im mechanischen System in der SI-Darstellung mit den Dimensionen L, M, T besteht ein elementarer Zusammenhang mit den Naturkonstanten Γ, c, h:

- Γ Gravitationskonstante
- c Lichtgeschwindigkeit
- h Planck-Konstante

Im um thermische Effekte erweiterten System in der SI-Darstellung mit den Dimensionen L, M, T, Θ kommt die Naturkonstante k_B

- k_B Boltzmann-Konstante

und im um elektrische Effekte erweiterten System in der SI-Darstellung mit den Dimensionen L, M, T, I noch die Naturkonstante k_C

- k_C Coulomb-Konstante

hinzu.

8.1 Gravitationskonstante

Massen ziehen sich an. Diese Tatsache wird uns täglich durch die Existenz unseres Mondes gezeigt. Im Detail sind damit auch die Gezeiten (Ebbe, Flut) verknüpft. Es wirkt die Gravitationskraft F, die sich im Idealfall aus dem Zusammenhang zwischen den beiden Massen M, m und deren Abstand r ergibt.

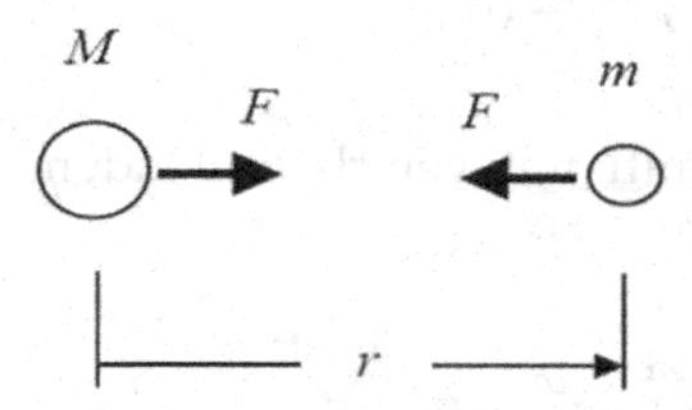

Bild 8.1 Gravitationskraft zwischen zwei Massen M, m

Aus der zugehörigen Dimensionsmatrix mit der Zielgröße F und den Einflussgrößen $X = \{M, m, r\}$

	F	m	M	r
L	1	0	0	1
M	1	1	1	0
T	−2	0	0	0

(8.1)

lässt sich wieder unmittelbar erkennen, dass der Datensatz unvollständig ist. Zum Entdimensionieren der beiden Massen M, m kann eine dieser Massen als repräsentative Masse gewählt werden. Eine repräsentative Kraft kann aber durch Kombination von Masse und Länge nicht gefunden werden. Zur Bildung einer repräsentativen Kraft muss neben dem Abstand als einzige Länge noch eine systemeigene Größe mit ins Spiel kommen, in der auch die Dimension der Zeit entsprechend der Dimensionsmatrix mit T^{-2} vorkommt.

Außerdem sind für die gesuchte Kraft $F = F(M,m,r,?)$ als Zielgröße a priori Bedingungen zu erfüllen. Durch Vertauschen der Massen kann sich die Kraft nicht ändern. Diese Symmetrie lässt nur eine multiplikative Verknüpfung

$$F = F(M,m,r,?) = M\,m \cdot g(r, ?) \tag{8.2}$$

der beiden Massen M, m zu. Damit wird auch das Verschwinden der Kraft bei verschwindenden Massen

$$M = 0 \;\rightarrow\; F = 0 \tag{8.3}$$

$$m = 0 \;\rightarrow\; F = 0 \tag{8.4}$$

erfüllt. Außerdem muss die Kraft mit verschwindendem Abstand über alle Grenzen anwachsen

$$r = 0 \;\rightarrow\; F = \infty \tag{8.5}$$

und mit immer größer werdendem Abstand

$$r = \infty \;\rightarrow\; F = 0 \tag{8.6}$$

schließlich verschwinden.

Die noch unbekannte Funktion $g(r,?) = \widetilde{g}(r)$ in Abhängigkeit vom Abstand r kann durch die Entwicklung in eine Laurentreihe (Taylorreihe erweitert auf Terme mit negativen Exponenten)

$$\widetilde{g}(r) = ... + a_{-3}\frac{1}{r^3} + a_{-2}\frac{1}{r^2} + a_{-1}\frac{1}{r} + a_0 + a_1 r + a_2 r^2 + ... \tag{8.7}$$

bestimmt werden, die außerdem der Symmetrie $\widetilde{g}(r) = \widetilde{g}(-r)$ unterliegt.

Aus dieser Symmetrie und aus den a priori bekannten Einschränkungen für den Einfluss des Abstands r zwischen den Massen folgt eine Reduzierung der Entwicklung (8.7) allein auf quadratische Glieder mit negativen Exponenten, so dass mit dem gröbsten nicht verschwindenen Glied der Entwicklung

$$\widetilde{g}(r) = a_{-2}\frac{1}{r^2} \tag{8.8}$$

für die gesuchte Kraft

$$F = M \cdot m \frac{1}{r^2}\Gamma \tag{8.9}$$

angeschrieben werden kann. Die noch unbekannte systemeigene invariante Größe ist die Gravitationskonstante Γ.

Mit der um die Gravitationskonstante Γ mit der Dimension $L^3 M^{-1} T^{-2}$ ergänzten Dimensionsmatrix

	F	m	M	r	Γ
L	1	0	0	1	3
M	1	1	1	0	−1
T	−2	0	0	0	−2

(8.10)

der die systemtechnische Darstellung mit den dimensionbehafteten Größen zugeordnet ist

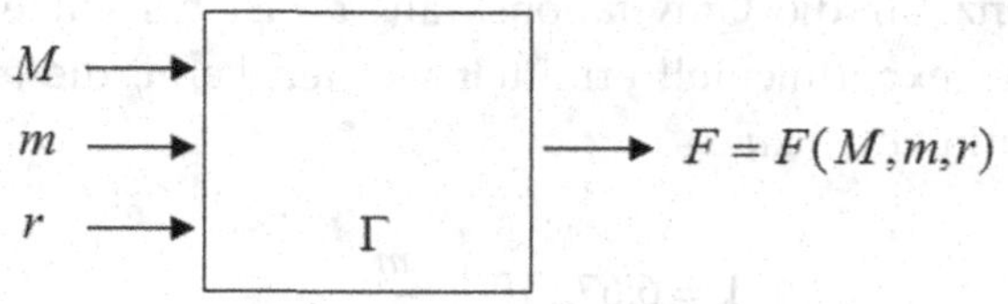

$$M \longrightarrow,\quad m \longrightarrow,\quad r \longrightarrow \boxed{\Gamma} \longrightarrow F = F(M,m,r)$$

Bild 8.2 Dimenionsbehaftete Darstellung

die sich mit den repräsentativen Größen $M^* = M$, $r^* = r$, $F^* = \Gamma M^2/r^2$ in die dimensionsfreie Darstellung überführen lässt

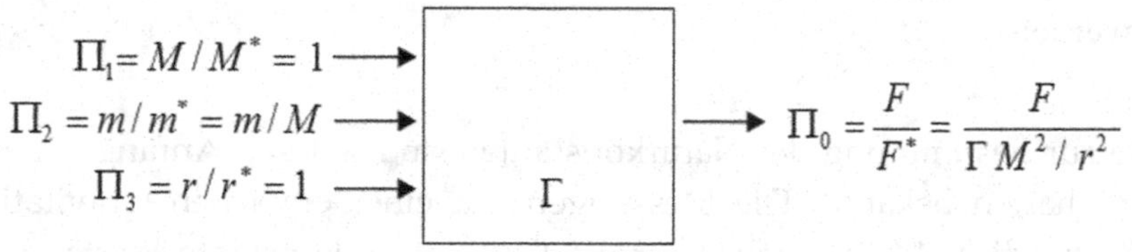

$$\Pi_1 = M/M^* = 1 \longrightarrow,\quad \Pi_2 = m/m^* = m/M \longrightarrow,\quad \Pi_3 = r/r^* = 1 \longrightarrow \boxed{\Gamma} \longrightarrow \Pi_0 = \frac{F}{F^*} = \frac{F}{\Gamma M^2/r^2}$$

Bild 8.3 Dimensionsfreie Darstellung

folgt unmittelbar der Zusammenhang

$$\Pi_0 = \frac{F}{F^*} = \frac{F}{M^2\Gamma/r^2} = G(\Pi_1 = 1, \Pi_2 = \frac{m}{M}, \Pi_3 = 1) = \widetilde{G}(\frac{m}{M}) \qquad (8.11)$$

der sich bei Beachtung des multiplikativen Verhaltens der Massen $M \cdot m$ auf die Darstellung

$$\Pi_0 = \frac{F}{M^2 \Gamma / r^2} = \widetilde{G}(\frac{m}{M}) = \frac{m}{M} \tag{8.12}$$

reduziert, so dass auch mit der Π-Theorem Methodik die Präsentanz

$$F = M \cdot m \frac{1}{r^2} \Gamma \tag{8.13}$$

als Zielgröße gefunden wird.

Die mit Hilfe der Π -Theorem Methodik (Π -Theorem + Ausschöpfung) gefundene Präsentanz für die Gravitationskraft F ist bis auf eine Konstante bestimmt, die nur experimentell ermittelt werden kann, die sich mit den heute aktuellen Experimenten zu

$$\Gamma = 6{,}672 \cdot 10^{-11} \frac{m^3}{kg\, s^2} \tag{8.14}$$

ergibt. Angewendet auf die Erde mit der Masse M_{Erde} kann im erdnahen Bereich mit dem Erdradius r_{Erde} und der Schwerkraft $F = G = m\,g$ für die Gravitationskonstante der Zusammenhang

$$\Gamma = g\; r_{Erde}^2 \,/\, M_{Erde} \tag{8.15}$$

angegeben werden.

Experimente zur Bestimmung der Naturkonstanten sind seit den Anfängen der Naturwissenschaften bekannt. Die Messungen mit einer einfachen Gravitationswaage (Cavendish, 1798) ergaben für die Gravitationskonstante Werte, die nur um 1,2 % vom heute aktuellen Wert abweichen, die selbst im schulischen Bereich standardmäßig erreicht werden.

Die Anstrengungen die im Bereich der Metrologie (neue Experimente zur Reduzierung der Fehlertoleranzen) unternommen werden, sind für die Anwendung der Π -Theorem Methodik für technologische Probleme ohne Bedeutung.

8.2 Lichtgeschwindigkeit

Mit den Experimenten mit elektromagnetischen Wellen, die auch den Bereich des Lichts einschließen, konnte die Lichtgeschwindigkeit

$$c = 2{,}998 \cdot 10^{8} \frac{m}{s} \tag{8.16}$$

festgestellt werden.

Erste Messungen von Fizeau (1851) mit der primitiven Zahnradmethode waren mit einem Fehler von nur 5 % behaftet. Im schulischen Bereich werden mit der gleichen Methode bereits Fehler mit nur 2 % erreicht. Die richtige Größenordnung der Naturkonstanten Lichtgeschwindigkeit ist damit hinreichend gesichert.

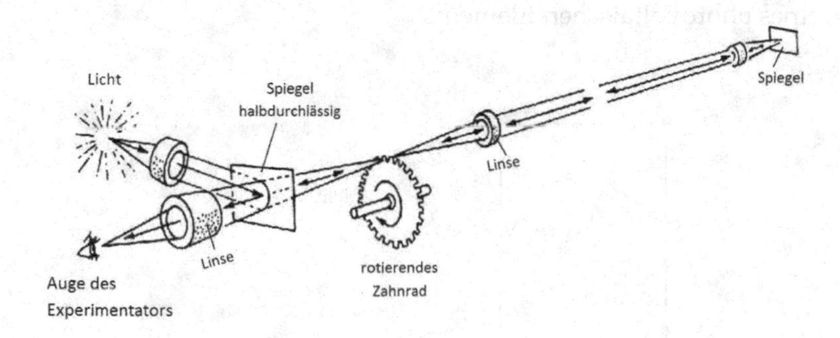

Bild 8.4 Messung der Lichtgeschwindigkeit mit der Zahnradmethode

Zur Bestimmung der Größenordnung der Naturkonstanten sind offensichtlich keine großen technischen Aufwendungen erforderlich.

8.3 Planck Konstante

Bei der Wechselwirkung des Lichts mit der Materie zeigt das Licht seinen Teilchencharakter (Photoeffekt). Die Energie E_P eines solchen Lichtteilchens (Photon) ist proportional zu Frequenz ν des Lichts. Ähnlich wie in der Chemie Reaktionen nur in festen Portionen (Mengen in Mol) erfolgen (Abschn. 3.13) wird Licht in festen Portionen (Energiequanten) ausgesendet oder auch aufgenommen.

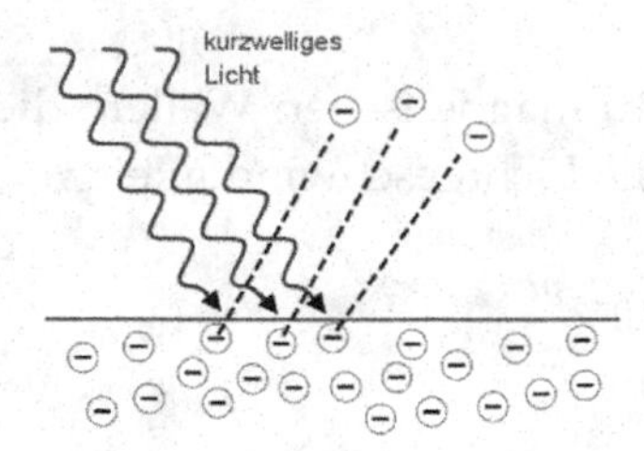

Bild 8.5 Photoeffekt

Die Planck Konstante h ist der Proportionalitätsfaktor in der Energiegleichung

$$E_P = h\,\nu \tag{8.17}$$

für ein Lichtteilchen.

Mit Hilfe eines photovoltaischen Elements

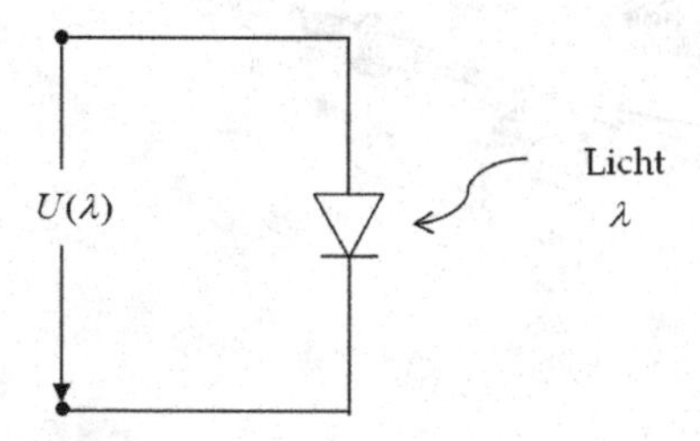

Bild 8.6 Photovoltaisches Element zur Erzeugung einer wellenabhängigen Spannung

kann mit der im Experiment messbaren elektrischen Spannung U die Energie des Lichtteilchen $E_P = e\,U$ und unter Beachtung des Zusammenhangs $\nu = c/\lambda$ zwischen der Frequenz ν und der zugehörigen Wellenlänge λ und den beiden bekannten Naturkonstanten Elementarladung e und Lichtgeschwindigkeit c die Planck Konstante

$$h = \frac{E_P}{\nu} = \frac{e\,U}{c/\lambda} = \frac{e}{c}\,U\,\lambda \tag{8.18}$$

ermittelt werden.

Die Messungen mit monochromatischen Licht verschiedener Wellenlängen

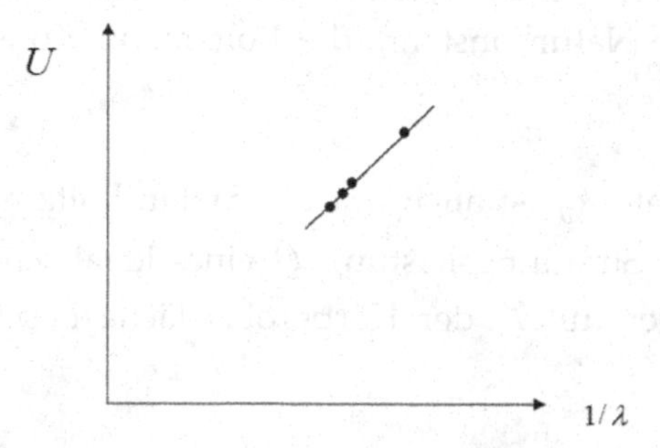

Bild 8.7 Mit photovoltaischem Element generierte elektrische Spannung

liefern einen linearen Zusammenhang $U \sim 1/\lambda$ (Einsteingerade), dem in der Produktform $U\lambda$ eine Konstante C mit den Dimension $L^3MT^{-3}I^{-1}$ entspricht.

	U	λ	C
L	2	1	3
M	1	0	1
T	−3	0	−3
I	−1	0	−1

(8.19)

Mit dem Messwert $C = 1{,}240 \cdot 10^{-6}\ kg m^3 s^{-3} A^{-1} = 1{,}240 \cdot 10^{-6}\ Vm$ und den Naturkonstanten $e = 1{,}602 \cdot 10^{-19}\ As$ und $c = 2{,}998 \cdot 10^8\ m/s$ kann dann die Planck Konstante

$$h = C\frac{e}{c} = 6{,}63 \cdot 10^{-34}\ Ws^2 = 6{,}63 \cdot 10^{-34}\ kg\,m^2/s \tag{8.20}$$

angegeben werden, die mit einem einfachen selbst im schulischen Bereich üblichen Experiment hinreichend genau bestimmt werden kann.

8.4 Boltzmann Konstante

Im um thermische Effekte erweiterten SI-System mit den Dimensionen L, M, T, Θ tritt als neue Naturkonstante die Boltzmann Konstante k_B in Erscheinung.

Diese Boltzmann-Konstante k_B ist auch mit der Stefan-Boltzmann Konstanten σ verknüpft, mit der die Strahlungsleistung $\dot{Q}$ eines ideal schwarzen Körpers mit der absoluten Temperatur T der Körperoberfläche beschrieben werden kann.

Wir betrachten deshalb zunächst die einfach zu verstehende thermischen Versuchsanordnung, mit der die aufgeprägte Heizleistung $\dot{Q}$ über einen gasfreien Ringspalt durch Wärmestrahlung vom Innenrohr auf ein Mantelrohr übertragen wird, das konzentrisch zum Innerrohr angeordnet ist.

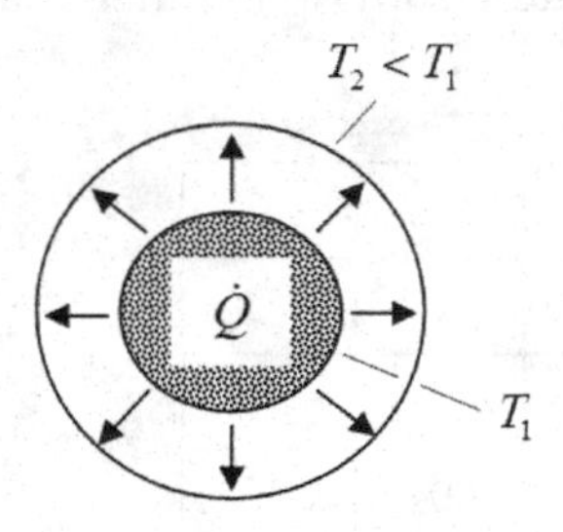

Bild 8.8 Wärmeübertragung durch gasfreien Ringspalt

Die Heizleistung $\dot{Q}$ kann nur abgeführt werden, wenn sich das Innenrohr (Radius R_1, Länge L, Rohroberfläche A_1) gegenüber dem Mantelrohr (Radius R_2, Länge L, Mantelrohroberfläche A_2) aufheizt. Die Messung zeigt, dass der Wärmetransport allein durch Strahlung mit den Temperaturen T_1, T_2 in der 4. Potenz

$$\dot{Q} \sim T_1^{\,4} - T_2^{\,4} \tag{8.21}$$

korreliert ist.

Unterstellen wir vereinfachend ideal schwarze und hinreichend schlanke Rohre ($R_1 << L$, $R_2 << L$) mit einem engen Spalt $h = R_2 - R_1$ zwischen den beiden Rohren ($h/R_1 << 1$), erhalten wir die einfache Darstellung :

$$\dot{Q} = \sigma \; A_1 \; (T_1^{\,4} - T_2^{\,4}) \tag{8.22}$$

Eine anschauliche kosmische Anwendung ist die Abstrahlung unserer Sonne, die sich in bester Näherung wie ein schwarzer Körper verhält. Da die Rückstrahlung von der Erde und den anderen Himmelskörpern wegen der ungleichen geometrischen Abmessungen vernachlässigbar ist

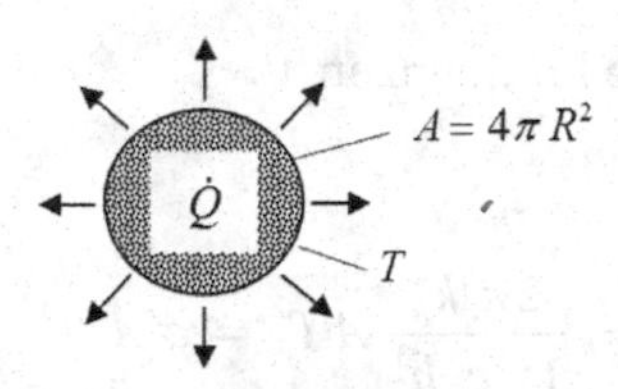

Bild 8.9 Wärmeabstrahlung der Sonne

kann die abgeführte Strahlungsleistung mit dem einfachen Zusammenhang

$$\dot{Q} = \sigma \; A \; T^4 \tag{8.23}$$

beschrieben werden, der allein mit der Oberflächentemperatur T der Sonne und deren Oberfläche $A = 4\pi R^2$ verknüpft ist. Die noch unbestimmte Stefan-Boltzmann-Strahlungskonstante σ ist experimentell zu bestimmen. Der heute verfügbare Wert $\sigma = 5{,}67 \cdot 10^{-8}\, W/(m^2 K^4)$ ist hinreichend genau für alle technologischen und kosmischen Anwendungen.

Im Detail kann mit der von Planck angegebenen Strahlungsintensität $\Theta(\nu, T)$ für einen schwarzen Strahler

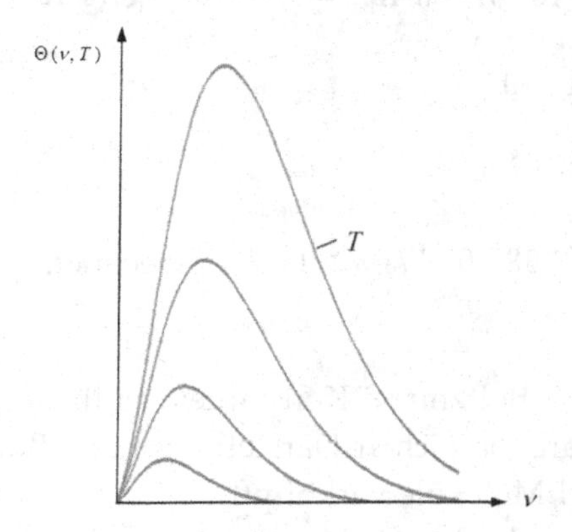

Bild 8.10 Strahlungsintensität in Abhängigkeit von der Frequenz und Temperatur

$$\Theta(\nu,T)=\frac{2\pi h\nu^3}{c^3}\frac{1}{e^{\frac{h\nu}{k_B T}}-1} \tag{8.24}$$

durch Integration über alle Frequenzen ν

$$\dot{Q}=A\int_0^\infty \Theta\, d\nu=\frac{2\pi^5 k_B^4}{15\, c^3\, h^3}\, A\, T^4=\sigma A\, T^4 \tag{8.25}$$

für die Stefan-Boltzmann Konstante σ eine Verknüpfung mit der Boltzmann Konstanten k_B, der Planck Konstanten h und der Lichtgeschwindigkeit c gefunden werden.

Für die Boltzmann Konstante kann somit

$$k_B=\left(\frac{15}{2\pi^5}\, c^3\, h^3\, \sigma\right)^{1/4} \tag{8.26}$$

angeschrieben werden, die sich mit Kenntnis der Planck Konstanten

$$h=6{,}63\cdot 10^{-34}\, Ws^2=6{,}63\cdot 10^{-34}\, kg\, m^2/s$$

der Stefan-Boltzmann Konstanten

$$\sigma=5{,}67\cdot 10^{-8}\, W/(m^2K^4)=5{,}67\cdot 10^{-8}\, kg/(s^3K^4)$$

und der Lichtgeschwindigkeit

$$c=2{,}998\cdot 10^8\ m/s$$

zu $k_B=1{,}38\cdot 10^{\;23}\, Nm/K=1{,}38\cdot 10^{-23}\, kg\, m^2/(s^2K)$ berechnet.

Im Zusammenhang mit der Boltzmann Konstanten sei hier auch auf die Entropie hingewiesen. In der anschaulichen Darstellung nach Boltzmann steht die Bewegung der Atome und Moleküle verknüpft mit der Wahrscheinlichkeit des thermodynamischen Zustandes als Ordnungsmaß im Vordergrund, das auch auf die Thermodynamik übertragbar ist und zur Beschreibung reversibler und irreversibler Zustandsänderungen genutzt wird. Ein abgeschlossenes thermodynamisches System strebt stets dem Zustand maximaler Entropie zu. Die Thermodynamik ist bislang der einzige technologische Bereich in dem die Entropie eine unverzichtbare Rolle spielt, deren praxisrelevante Anwendungen zur Beschreibung wärmetechnischer Zusammenhänge allerdings auf stationäre Verhältnisse beschränkt sind.

8.5 Coulomb Konstante

Im um elektrische Effekte erweiterten SI-System mit den Dimensionen L, M, T, I tritt als neue Naturkonstante die Coulomb Konstante k_C in Erscheinung.

In Analogie zur Kraft zwischen zwei Massen M, m wirkt auch zwischen zwei elektrischen Ladungen Q_1, Q_2 eine Kraft.

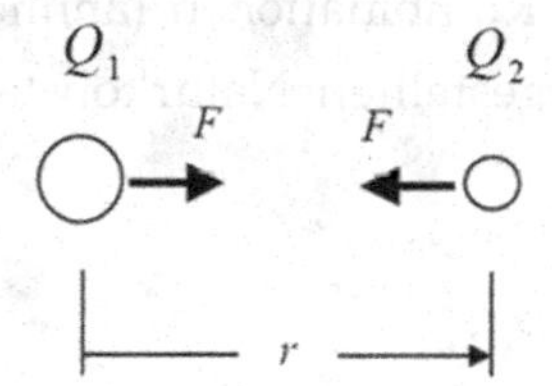

Bild 8.11 Kraft zwischen zwei Ladungen Q_1, Q_2

Deshalb lassen sich die Überlegungen zum Auffinden des Gravitationsgesetzes (8.13) hier direkt übertragen. Für die Kraft zwischen zwei elektrischen Ladungen gilt somit

$$F = Q_1 \cdot Q_2 \, \frac{1}{r^2} \, k_C \tag{8.27}$$

und mit der zugehörigen Dimensionsmatrix

	F	Q_1	Q_2	r	k_C
L	1	0	0	1	3
M	1	0	0	0	1
T	−2	1	1	0	−4
I	0	1	1	0	−2

(8.28)

kann die Coulomb Konstante k_C mit der Dimension $L^3 M T^{-4} I^{-2}$ dargestellt und experimentell zu $k_C = 8{,}988 \cdot 10^9 \; Vm/As = 8{,}988 \cdot 10^9 \, kg m^3 / (s^4 A^2)$ bestimmt werden.
Bleibt anzumerken, dass für elektrische Systeme zukünftig die Elementarladung e direkt ohne Umweg über die Ladung Q als definierende Naturkonstante ebenso wie die Avogadro Konstante k_A in der Chemie genutzt werden wird.

8.6 Natürliche Einheiten

Die bisher verwendeten Einheiten sind die des Internationalen Einheitensystems (SI: Système international d'unités), das zunächst dekretartig mit dem Urkilogramm, dem Urmeter etc. aufgebaut wurde.

Mit natürlichen Einheiten lassen sich dagegen Einheitensysteme finden, die direkt aus Naturkonstanten und deren Kombinationen (ähnlich wie Π-Zahlen) abgeleitet sind. Mit den zuvor bereitgestellten Naturkonstanten Γ, c, h, k_B, k_C (Abschn. 8.1 bis 8.5)

	Γ	c	h	k_B	k_C
L	3	1	2	2	3
M	−1	0	1	1	1
T	−2	−1	−1	−2	−4
Θ	0	0	0	−1	0
I	0	0	0	0	−2

(8.29)

mechanische Systeme (Γ, c, h)

thermische Systeme (Γ, c, h, k_B)

elektrische Systeme (Γ, c, h, k_B, k_C)

lassen sich natürliche Einheiten (Planckeinheiten) für die Länge, Masse, Zeit, Temperatur, Strom darstellen.

	l_P $(\Gamma c^{-3} h)^{1/2}$	m_P $(\Gamma^{-1} c\, h)^{1/2}$	t_P $(\Gamma c^{-5} h)^{1/2}$	ϑ_P $k_B^{-1}(\Gamma^{-1} c^5 h)^{1/2}$	i_P $\Gamma^{-1/2} c^3 k_C^{-1/2}$
L	1	0	0	0	0
M	0	1	0	0	0
T	0	0	1	0	0
Θ	0	0	0	1	0
I	0	0	0	0	1

(8.30)

Ende des 19. Jahrhunderts erkannte Planck, dass mit Hilfe der Naturkonstanten ein für alle Zeiten und für alle Orte (auch jenseits irdischer Verhältnisse) gültiges System von Einheiten aufgebaut werden kann. Zukünftige Neudefinitionen der Grundeinheiten, die zunehmend an der Messung von Naturkonstanten ausgerichtet sind, haben keinen Einfluss auf die im vorliegenden Buch vorgestellten Denkweisen. Die Tatsache der Nichtwidersprüchlichkeit der Naturkonstanten und die Möglichkeit der Bildung natürlicher Einheiten zeigt uns aber im Rückblick, dass das ganze Gebäude der Dimensionshomogenität in sich widerspruchsfrei aufgebaut ist, dessen Eigenschaften es kreativ zu nutzen gilt.

Nach der französischen bürgerlichen Revolution 1789 unter dem Motto

Freiheit, Gleichheit, Brüderlichkeit

(*Liberté, Égalité, Fraternité*)

erhielt 1790 die französische Akademie der Wissenschaften von der französischen Nationalversammlung den Auftrag, ein einheitliches System von Maßen und Gewichten zu entwerfen. Die Akademie folgte dabei dem Prinzip, die Grundeinheiten aus naturgegebenen Größen abzuleiten, um alle anderen Einheiten auf diese zurückführen zu können. Damit wurden auch die Voraussetzungen für die erfolgreiche industrielle Revolution geschaffen.

Diese Vorgehensweise mit dem Blick auf immer gültige Aussagen - wie etwa die Gültigkeit der Naturgesetze - sollen unabhängig machen von Mehrheiten, die kein Beweis für Wahrheiten sein können. Diese nicht nur im technologischen Bereich zu begrüßende Entwicklung war auch die Wurzel der 1948 in Paris verkündeten UN-Menschenrechtscharta, die es jetzt im Zeitalter der digitalen Gesellschaft fortzusetzen gilt.

Das jetzt entstehende Zeitalter der weltweiten industriellen und gesellschaftlichen Vernetzungen, ein sich insgesamt dezentral organisierendes System, das die nationalen Einschränkungen der geistigen Freiheit überwindet, ist die globale Fortsetzung der französischen bürgerlichen Revolution. In dieser zukünftigen Gesellschaft ist der Schlüssel zum Erfolg mit dem Recht auf Erkenntnis gegenüber ideologisch geistigen Verarmungen verknüpft, so dass der menschliche Erfindergeist stets kreativ und schöpferisch zum Wohl der Gesellschaft wirkend werden kann. Wenn die Menschen alle die Chance bekommen, die endliche Erde als das gemeinsame Schicksal zu begreifen, könnte mit einer sich derart selbstorganisierenden Gesellschaft langfristig sogar das Traumziel *Reich ohne Herrscher* erreicht werden, in dem es keine konkurrierenden Teilzentren mehr gibt, dem signifikante kriegerische Auseinandersetzungen fremd sind, die in der Zeit der nationalstaatlichen Demokratien mit Massenvernichtungen bis hin zum Exzess eskalierten [16, 17].

Mit der im vorliegenden Buch zum konstruktiven Handeln auffordernden Methodik lassen sich insbesondere beim Betreten neuer technologischer Felder ohne jegliches Faktenwissen die erforderlichen Zusammenhänge herleiten, mit deren Kenntnis und wenigen gezielten Experimenten dann die Präsentanz des jeweiligen Problems angegeben werden kann. Benutzt werden allein die Eigenschaften der Natur und des Kosmos, die mit endlich vielen Dimensionen fassbar sind, die mit Hilfe der Mathematik in kreative spekulative Ideen umgesetzt werden, die nach Überprüfung mit wenigen Experimenten als Lösungen für den Baukasten industrieller Anwendungen genutzt werden können, die unabhängig vom Ort und der Zeit reproduzierbar sind (Bild 8.12).

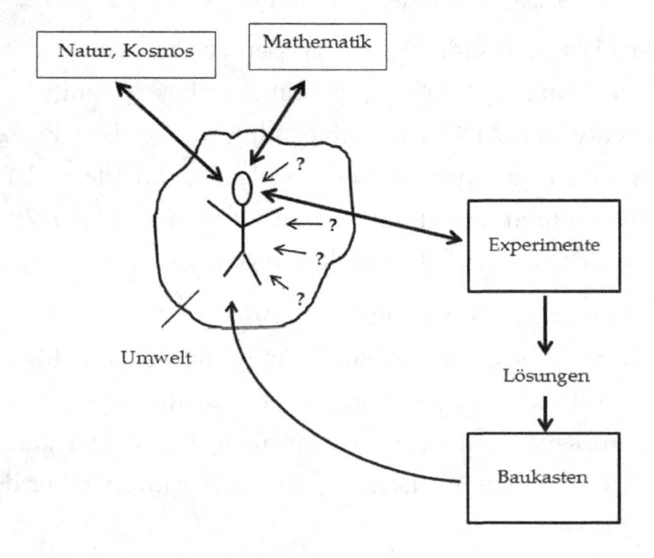

Bild 8.12 Methodik zum Füllen des Baukastens für industrielle Anwendungen

Allein die Anwendung des Π-Theorems für die geschilderte Vorgehensweise ist zu schwach. Das Ergebnis des Π-Theorems muss durch konsequentes Ausschöpfen mit Hilfe aller a priori bekannter Details einschließlich trivialster Informationen, die für jedes spezielle technologische Problem vorliegen, so verschärft werden, um letztlich erfolgreich sein zu können. Ein dauerhafter Erfolg ist immer auch mit einem möglichst minimalen Aufwand an Zeit und Kosten verknüpft, der mit dem Fortschreiten der industriellen Revolution über alle Zeiten zu erbringen ist.

Letztendlich soll das vorliegende Buch dem im technologischen Bereich tätigen Ingenieur helfen, möglichst kreative Beiträge zur Fortsetzung des industriellen Prozesses beisteuern zu können. In positiver Konkurrenz ohne Neid und Missgunst untereinander sollten immer wieder neue Ideen in einem Ideenwettbewerb wie im natürlichen Evolutionsprozess freigesetzt werden, deren Wahrheit dann mit einfachsten Experimenten bestätigt oder nicht bestätigt wird. Ein experimenteller Widerspruch kann nur ein Ansporn für neue Überlegungen im Rahmen der Π-Theorem Methodik sein. Da jedes technische Problem ein extremer Sonderfall ist, kann durch hinreichendes Ausschöpfen aller a priori bekannten Nebenbedingungen immer eine einfache Lösung gefunden werden.

Die Existenz einer Lösung für ein spezielles technologisches Problem ist in der irdischen und extraterrestrischen Umwelt stets vorhanden, die Lösung muss nur gehoben werden.

9 Praktische Handhabung und Kunst der Modellwahl

Was beinhaltet der Begriff Dimensionshomogenität?

Es lassen sich nur Dinge gleicher Gattung oder von gleicher Art miteinander vergleichen. Diese einschränkende Notwendigkeit der Betrachtung insbesondere naturwissenschaftlicher Sachverhalte ist der wesentliche Inhalt der Dimensionshomogenität. Hinter dieser scheinbaren Trivialität verbirgt sich das gesamte Weltbild. Alle Terme in einer Gleichung $y = f(x_1, x_2,..., x_n)$ zur Beschreibung des Zusammenhangs zwischen einer Zielgröße y und den diversen Einflussgrößen $X(x_1, x_2,..., x_n)$ müssen von derselben Dimension sein. Da mit dem internationalen SI-System sich alle Größen in derartigen Sachverhalten auf gleiche Einheiten zurückführen lassen, ist die Dimensionshomogenität zugleich die Voraussetzung für die Darstellbarkeit dimensionsfreier Kennzahlen, die mit dem Π -Theorem gewonnen werden.

Was ist zu tun, wenn nach der Π-theoretischen Reduzierung das Ergebnis für konkrete Anwendungen immer noch zu allgemein ist?

Wenn das allein mit dem Π -Theorem gewonnene Ergebnis für konkrete Anwendungen immer noch zu allgemein ist, muss mit a priori bekannten problemeigenen Zusatzinformationen das Ergebnis weiter verschärft und möglichst vollständig ausgeschöpft werden. Ideal ist, wenn sich ein Problem bis auf eine einzige Funktion oder gar eine einzige Konstante reduzieren lässt, die dann experimentell zu bestimmen ist. Dies ist umso leichter möglich, je einfacher die Modellvorstellung gewählt wird, nur das Wesentliche eines Problems beachtet wird.

Wie kann man feststellen, ob der Datensatz unvollständig, vollständig oder überbestimmt ist?

Wenn der Datensatz unvollständig ist, entsteht beim Experimentieren und Auftragen der Messergebnisse eine Punktwolke (Abschn. 1). Der Datensatz ist dann zu erweitern. Wenn keine Punktwolke beim Experimentieren entsteht, ist der Datensatz hinreichend.

Enthält dagegen der Datensatz auch Größen, die gar keinen Einfluss auf die Zielgröße haben, ist dieser zu verkleinern. Die mit dem vollständigen Datensatz erreichte Präsentanz muss alle Einflussgrößen des vollständigen Datensatzes enthalten.

Wie lassen sich Größen aussortieren, die gar keinen Einfluss auf das Ergebnis haben?

Wird im Experiment eine Einflussgröße x_i variiert und ändert sich dabei die Zielgröße nicht, kann die Größe als Einflussgröße gestrichen werden. Durch Falsifizieren ($\partial f / \partial x_i = 0$) kann so der Datensatz X $(x_1, x_2,..., x_n)$ sukzessive auf den vollständigen Datensatz $X_N\,(x_1, x_2,..., x_N)$ mit $N < n$ eingeschränkt werden.

Der Datensatz ist vollständig und zugleich minimal wenn keine Einflussgrößen mit der Eigenschaft $\partial f / \partial x_i = 0$ existieren.

Die mit einem vollständigen Datensatz gefundenen Π-Potenzprodukte lassen sich in beliebig andere Π-Potenzprodukte mit gleichem Informationsgehalt umrechnen. Welchen Nutzen kann ein Experimentator hieraus ableiten?

Der Experimentator kann durch geschickte Wahl und Umschreiben der Kennzahlen die erforderlichen Messungen so gestalten, dass die messtechnisch zu beschaffenden Daten mit verfügbaren und handhabbaren Geräten ermittelt werden können. Die mögliche Umgestaltung der Kennzahlen kann als Instrument zur Reduzierung von Kosten und Zeit oder überhaupt zur Messbarkeit genutzt werden.

Kunst der Modellwahl

Die Beschaffung von Wissen ist etwas anderes als die Anwendung von Wissen. Zur Beschaffung von Wissen gehört zu allererst das Gedankenspiel, der spekulative Denkvorgang, der mit der realen Beobachtung zwar verknüpft, aber mit dieser dennoch nicht restlos identisch sein muss. Wenn auch ein gedanklicher "Idealversuch" nicht wirklich ausgeführt werden kann, ermöglicht er das Eindringen in die Problematik und liefert die Idee, auf die zum Verstehen eines Problems nicht verzichtet werden kann.

Als Beispiel betrachten wir das Fallgesetz des Galilei mit der Aussage, dass alle Körper im Schwerefeld der Erde gleich schnell fallen. Dies kann im realen Experiment offensichtlich nie wirklich der Fall sein. Hier kommt sofort der Aufschrei der Bedenkenträger, da ja der Widerstand beim Fallen eines Körpers mit Sicherheit von Einfluss ist. Wenn auch die Aussage, dass alle Körper gleich schnell fallen in gewissem Maß irreal ist, lässt sich mit der Vorstellung Fall ohne Widerstand trefflich arbeiten und das Wesentliche der Sache ohne unnütze und störende Details verstehen und erklären. Die reine Struktur des Problems kann nur unter Weglassen des Störenden gefunden werden. Diese gedankliche Methodik ist die Basis der Naturwissenschaften.

Der in der Tat vorhandene Effekt des Widerstandes kann etwa in einer Reihenentwicklung mit dem nächsten Glied der Entwicklung berücksichtigt werden, ohne dass dabei die Reinheit des ersten Gliedes zu Beschreibung des idealen Fallens ganz ohne Widerstand aufgegeben werden muss.

Diese Methodik geht heute immer mehr verloren und wird zunehmend durch undurchschaubare Computerrechnungen ersetzt, mit denen die Anwender die Realität wiederzugeben glauben. Durch die Berücksichtigung von Schmutzeffekten durch die Bedenkenträger wird die Situation unüberschaubar und nicht im wissenschaftlichen Sinn validierbar.

Wer als Ingenieur erfolgreich sein will, sollte mit möglichst einfachen Modellen arbeiten. Damit wird der zeitliche und kostenmäßige Aufwand zur Auffindung der Präsentanz minimiert.

Als Beispiel für eine möglichst effiziente Ingenieursarbeit betrachten wir ein Aufwindkraftwerk, das ich selbst bei der Kraftwerk Union (AEG/Siemens) auf Anfrage des Vorstands zu untersuchen hatte. Um eine belastbare Aussage zur Sinnhaftigkeit eines solchen Kraftwerks möglichst in wenigen Tagen machen zu können, muss man den Mut zum spekulativen Gedankenspiel aufbringen, ohne in aufwendigen Detailbetrachtungen verloren zu gehen.

Es genügt die Betrachtung des Kamins zur Erzeugung eines Sekundärwindes, der mit Windrädern abgeschöpft und mit einem Generator in Strom umgewandelt werden kann (Abs. 3.9).

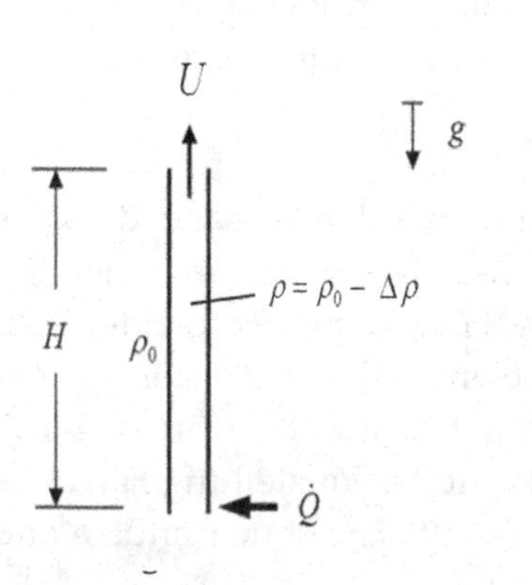

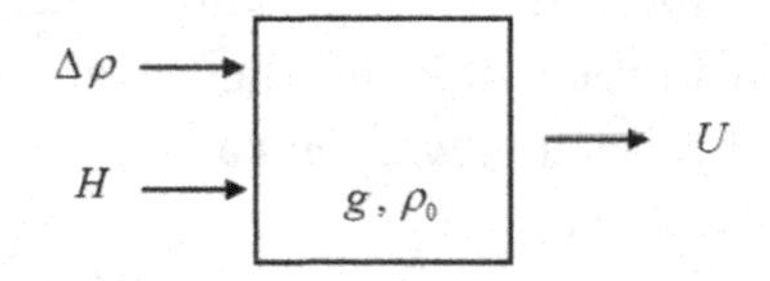

	U	H	g	$\Delta\rho$	ρ_0
L	1	1	1	−3	−3
M	0	0	0	1	1
T	−1	0	−2	0	0

Aus der Dimensionsmatrix kann unmittelbar die sich einstellende Windgeschwindigkeit

$$\rightarrow \quad U = \sqrt{2\,g\,H\,\frac{\Delta\rho}{\rho_0}}$$

abgelesen werden, die sich in Abhängigkeit von der Erdbeschleunigung g, der Kaminhöhe H und der auf die Referenzdichte ρ_0 der Umgebung bezogenen Dichtedifferenz $\Delta\rho$ als dichtemodifizierte Torricelli-Geschwindigkeit zeigt. Für das Verhältnis zwischen der mechanischen Energie/Zeit $P = (\dot{m}/2)\,U^2$ im Kamin und der von der Sonne über den Kollektor eingetragenen Wärmeleistung $\dot{Q} = \dot{m}\,c_p\,\Delta T$ erhält man sofort bei Beachtung der Verknüpfung der Dichtedifferenz mit der zugehörigen Temperaturdifferenz der Luft $\Delta T/\Delta\rho = T_0/\rho_0$ den Wirkungsgrad des Winderzeugers als Längenverhältnis

$$\eta = \frac{(\dot{m}/2)\,U^2}{\dot{m}\,c_p\,\Delta T} = \frac{H}{c_P\,T_0/g} = \frac{H}{H^*}$$

zwischen der Kaminhöhe H und der meteorologischen Länge $H^* \approx 30\,km$ als Maß für die Winderzeugung. Dies zeigt, dass selbst mit Kaminhöhen $H \approx 1\,km$ im betrachteten Idealfall nur 3 % der Sonnenenergie/Zeit in Bewegungsenergie/Zeit umgesetzt werden können. Mit einem Aufwindkraftwerk wird vornehmlich Luft erwärmt aber nicht in Bewegung versetzt [15, 18, 19].

Die Aussage auf die Anfrage des Vorstandes zur Sinnhaftigkeit eines Aufwindkraftwerks konnte ich deshalb mit der klaren Aussage beantworten:

"Die Erzeugung der Sekundärwindenergie mit einem Aufwindkraftwerk ist so ineffektiv, dass diese gegenüber der Windprimärenergie, die von der Natur ohne jeglichen Investitions- und Wartungsaufwand in der Erdatmosphäre dauerhaft bereitgestellt wird, chancenlos ist".

Dieses Beispiel zeigt eindrucksvoll, dass der spekulative Denkvorgang und der "Idealversuch" nach Galilei auch heute noch unschlagbar ist und den Spruch

erst besinn's, dann beginn's

in Erinnerung ruft.

Neben dem Erlernen und dem Anwenden des Π-Theorems ist auch die Wiederbelebung der Kreativität und des eigenen Denkens Ziel des vorliegenden Buches. Diese wünschenswerte Kreativität und die damit verknüpften Denk- und Verfahrensweisen wollen wir abschließend mit einem populären Küchen-Experiment illustrieren:

Technologie zum Durchstechen einer rohen Kartoffel mit einem Strohhalm

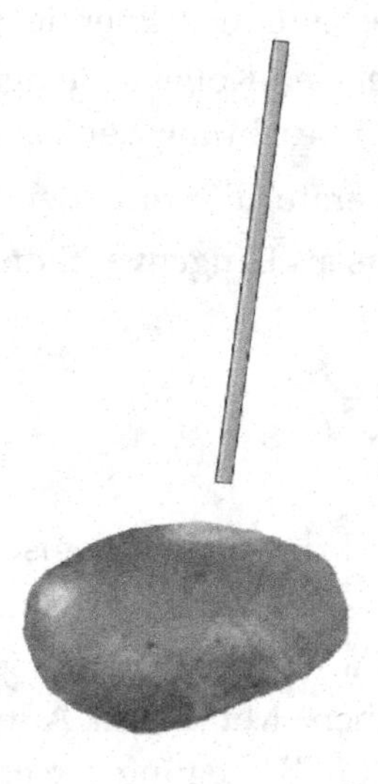

Erfolg ist eine Funktion der Handhabung

- Kreative Überlegungen zur Handhabung

  Strohhalm ist scharfkantig und damit schnittfähig

  Strohhalmstruktur ist schlank und formstabil, kann aber ausknicken

  Schnelles oder langsames Durchstechen?

  Trägheit kann nur durch schnelles Durchstechen genutzt werden

  Luft im Strohhalm kann durch Verschließen am Austritt zur Formstabilisierung im ausknickgefährdeten Bereich genutzt werden

- Ergebnis des Experiments

  Schnelles Durchstechen und Verhinderung des Luftaustritts durch Verschließen des Strohhalms mit dem Daumen während des Stoßvorgangs führt zum Ziel. Beim Eindringen in die Kartoffel wird die Luft komprimiert und stabilisiert so Strohhalm außerhalb der Kartoffel, dort wo dieser besonders knickgefährdet ist. In der Kartoffel kann der Strohhalm nicht ausknicken, da er einerseits durch die eingedrungene Kartoffelmasse verstärkt und andererseits in der Kartoffel selbst geführt wird.

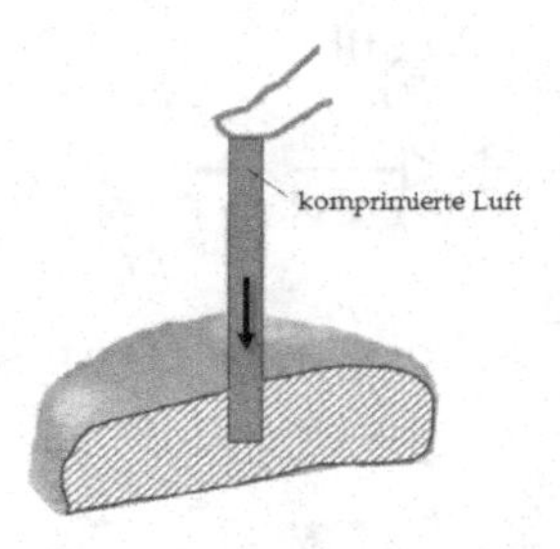

Das Experiment zeigt, dass die Überlegungen sinnvoll waren. Mit dem Strohhalm kann die rohe Kartoffel problemlos durchstochen werden.

In ähnlicher Weise stellt auch ein Naturwissenschaftler kreative Überlegungen an, bevor er diese in theoretische Aussagen umsetzen kann. Etwa Albert Einstein hat immer diese spekulative heuristische Vorgehensweise hervorgehoben, die erst einmal zu einer neuen Idee führt, die er dann beispielhaft in seiner Veröffentlichung "Über einen die Erzeugung und Verwandlung des Lichts betreffenden heuristischen Gesichtspunkt" [12] von 1905 als Grundlage genutz hat.

So wie ohne die richtige Vorstellung und Handhabung das Durchstoßen einer rohen Kartoffel mit einem Strohhalm nicht gelingt, konnten mit der kontinuierlichen Vorstellung des Lichts (Maxwell) die Effekte bei der Erzeugung und Wandlung des Lichts nicht erklärt werden. Erst mit der spektakulären Betrachtung und Handhabung der Ausbreitung eines Lichtsstrahls als eine endliche Anzahl von lokalen Energiequanten, die nicht teilbar sind und nur als Ganze absorbiert oder erzeugt werden können (Rückbesinnung auf die alten mechanistischen Vorstellungen und deren Anwendung in sehr kleinem Maßstab), gelang der Durchbruch, für den Einstein sehr viel später im Jahr 1921 der Nobelpreis zuerkannt wurde.

Resümee: Erst Idee beschaffen und erst dann an Verifizierung durch das Experiment denken, das die Wahrheit der Idee im Einklang mit der Natur bestätigt oder auch falsifiziert.

10 Übungsaufgaben und Lösungen

10.1 Aufgaben

Aufgabe 1: Beim Durchströmen eines Ventils erwärmt sich das Fluid.

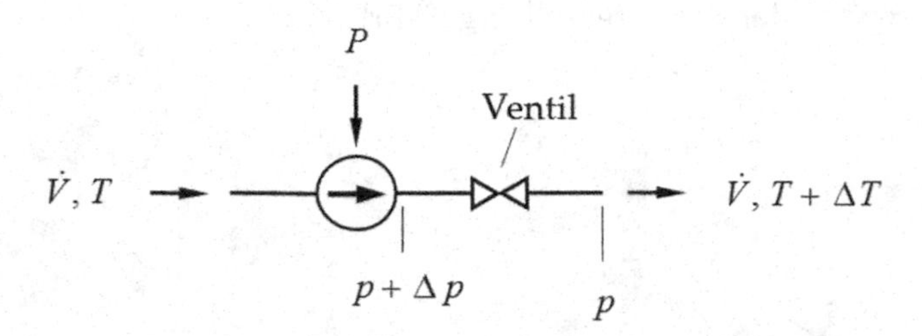

- Welcher Zusammenhang besteht zwischen der antreibenden Druckdifferenz Δp und der Erwärmung um die Temperaturdifferenz ΔT?
- Durch welchen Zusammenhang kann die von der Pumpe eingebrachte Leistung dargestellt werden?
- Wie kann die Unabängigkeit der Temperaturerhöhung ΔT vom Volumenstrom $\dot{V}$ erklärt werden?

Aufgabe 2: Mit einem elektrischen Widerstand kann elektrische Energie in Wärmeenergie Q umgewandelt werden.

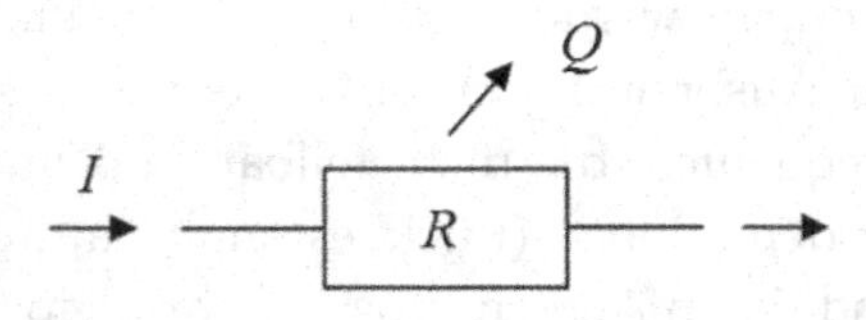

- Welches Zeitgesetz kann mit Hilfe des Π-Theorem angegeben werden?

Aufgabe 3: Mit einem Kondensator lässt sich Energie speichern.

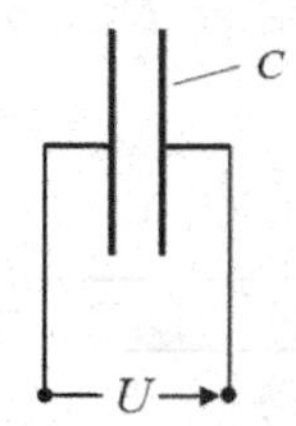

- Welcher Zusammenhang kann für die gespeicherte Energie E in Abhängigkeit von der angelegten Spannung U und der Kapazität C des Kondensators angegeben werden?

Aufgabe 4: Welche Stoßverluste (Carnot) stellen sich bei einer zylindrischen Strömung mit unstetiger Erweiterung ein?

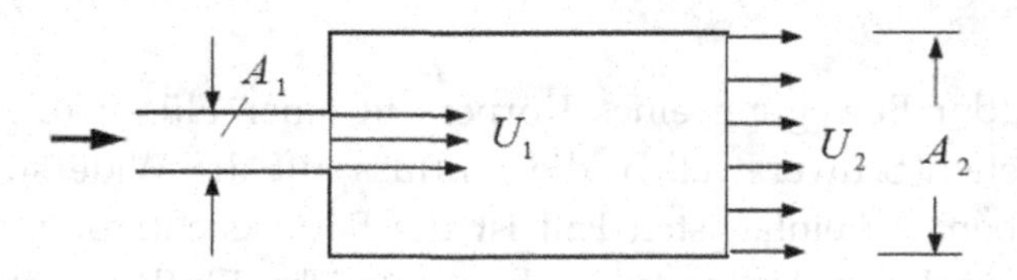

Aufgabe 5: Für die einfache Scherströmung (Couette) ist die Berechnungsformel für die zum Antrieb der Strömung erforderliche Schubspannung an der bewegten Wand anzugeben.

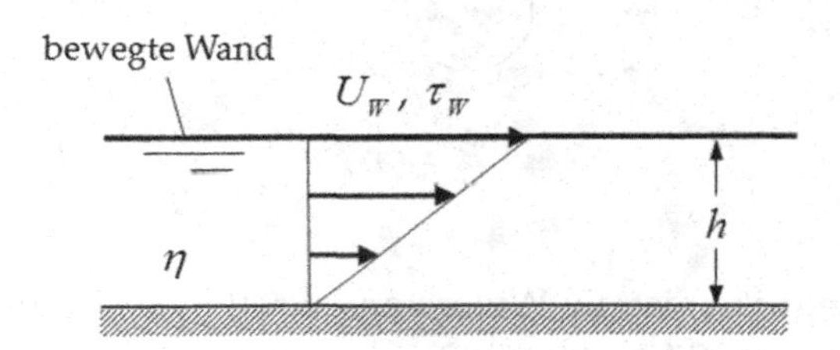

Aufgabe 6: Es ist der Zusammenhang zur Beschreibung des Druckverlustes Δp herzuleiten, der sich in einem mit der mittleren Geschwindigkeit U durchströmten schlanken Rohr vom Durchmesser D und der Länge L einstellt.

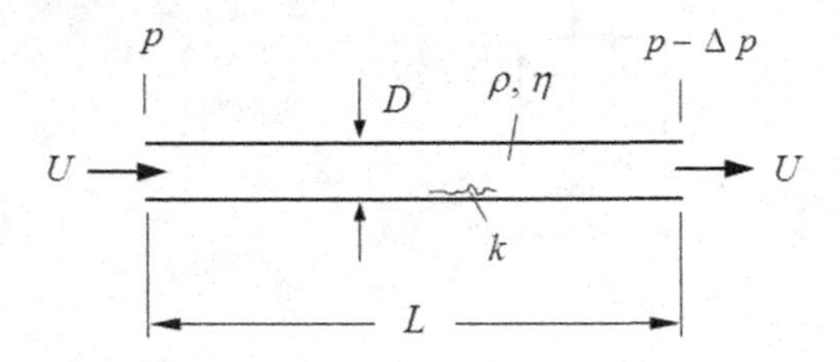

Welcher Zusammenhang ergibt sich

- wenn die Zähigkeitskräfte dominieren?
- wenn zusätzlich die Trägheitskräfte von Einfluss sind?
- wenn im Fall der vollständig ausgebildeten Rauhigkeitströmung der Einfluss der Zähigkeitskräfte entfällt?

Aufgabe 7: Bei der Bewegung eines Körpers in einer Flüssigkeit mit freier Oberfläche entstehen Schwerewellen, die Einfluss auf die Widerstands- bzw. Antriebskraft haben. Im einfachsten Fall ist die Berücksichtigung der Erdbeschleunigung g und des Abstands h als zusätzliche Einflussgrößen hinreichend.

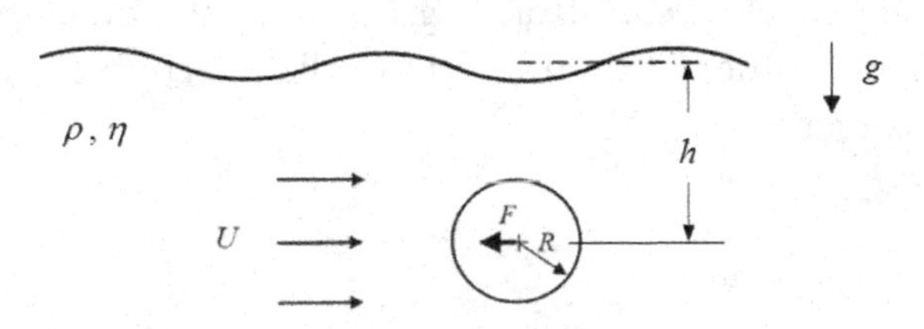

- Von welchen Kenngrößen ist die Widerstandskraft einer Kugel abhängig, die sich im Bereich der Oberfläche bewegt?

- Welche Aussagen können für die Anwendung auf Über- und Unterwasserschiffe abgeleitet werden?

- Welche Schiffsart ist bei gleicher Tonnage und Fahrgeschwindigkeit energetisch günstiger?

- Welche Analogie besteht zwischen Über- und Unterwasserschiffen und langsam und schnell fliegenden Flugzeugen?

Aufgabe 8: Für ein reibungsfreies Schwerependel soll die Schwingungsdauer T ermittelt werden.

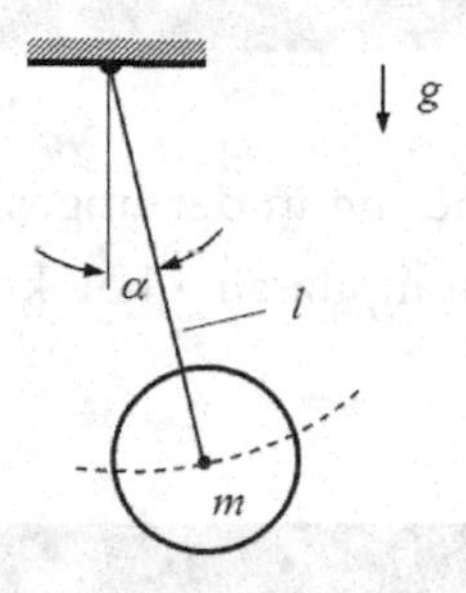

Aufgabe 9: Für ein Feder-Masse-Pendel ist in Analogie zum reibungsfreien Schwerependel die Schwingungsdauer T zu ermitteln. Hierbei ist zu beachten, dass die Bewegung um die statische Ruhelage erfolgt und die Schwerkraft mg deshalb keinen Einfluss hat.

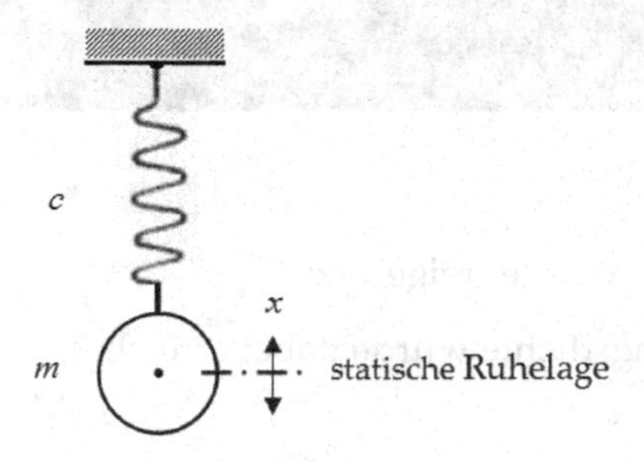

Aufgabe 10: Aus der optischen Beobachtung des Atompilzes soll auf die freigesetzte Energie geschlossen werden.

Zur Zeit $t = 0{,}025\,s$ nach der Zündung in der ungestörten Atmosphäre mit der Dichte $\rho \approx 1{,}2\ kg/m^3$ hatte der Atompilz eine halbkugelförmige Form mit dem Radius $R = 130\,m$.

- Welche Energie wurde freigesetzt?
- Welche Leistungsdichte wurde dabei erreicht?

Aufgabe 11: Es wird eine Desintegrationsdüse betrachtet, die mit einem Volumenstrom $\dot{V}$ durchströmt wird, der mit der vorgeschalteten Pumpe durch Aufprägen einer Druckdifferenz Δp gegenüber dem Umgebungsdruck p_0 erzeugt wird. Bei einem hinreichend großen Volumenstrom $\dot{V} = \dot{V}_{krit}$ stellt sich an der engsten Stelle der Düse (Durchmesser D, Querschnitt $A = D^2\pi/4$) der Dampfdruck p_D des verwendeten Fluids ein und bei Steigerung dieses Volumenstroms $\dot{V} > \dot{V}_{krit}$ kann ein Wirkraum etwa zur Desintegration von Mikroorganismen (Erhöhung der Biogasausbeute aus Klärschlämmen und Fermenten, Sterilisierung von mit Keimen belasteten Fluiden, ...) aufgespannt werden.

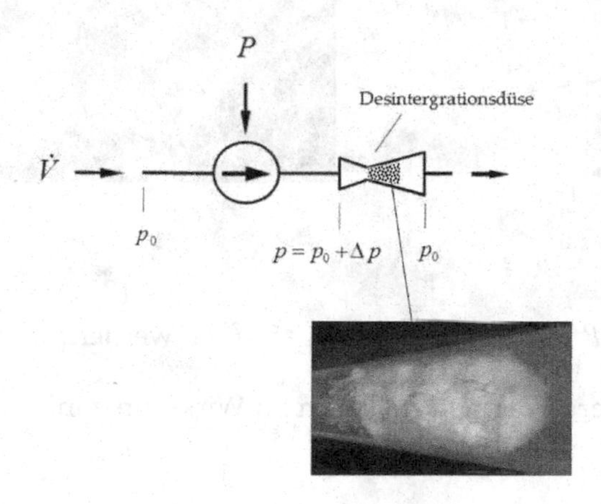

- Bei welcher Geschwindigkeit U_{krit} wird im engsten Querschnitt gerade der Dampfruck p_D erreicht?

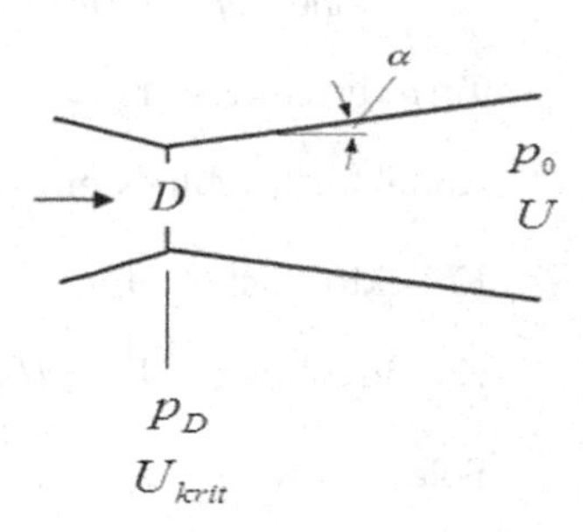

In diesem Grenzfall wird gerade noch kein Wirkungsraum aufgespannt. Vereinfachend ist $p_D \ll p_0$ und $U_0 \ll U_{krit}$ zu beachten.

Mit der Steigerung der Geschwindigkeit auf $U > U_{krit}$ wird der Wirkraum aufgespannt. In einem Experiment wird einer Düse (Durchmesser $D = 0{,}015\ m$ im engsten Querschnitt, Öffnungswinkel $\alpha = 5^0$) mit einer Kolbenpumpe eine antreibende Druckdifferenz von $\Delta p = 10\ bar$ aufgeprägt. Damit wird im engsten Querschnitt die Geschwindigkeit $U = 3\ U_{krit} = 42 m/s$ erreicht und ein Wirkraum mit der Länge $L = 3D$ aufgebaut.

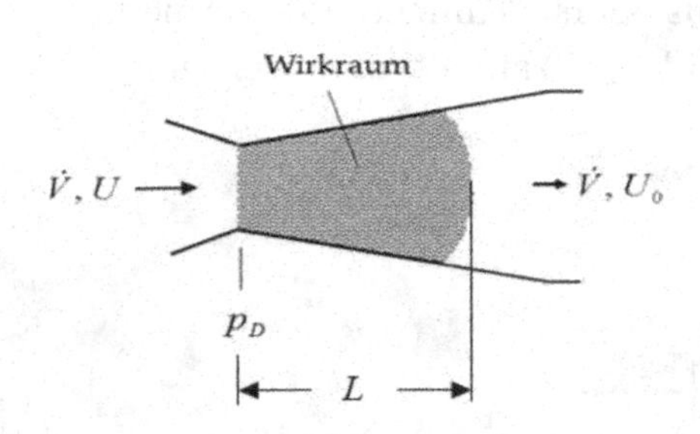

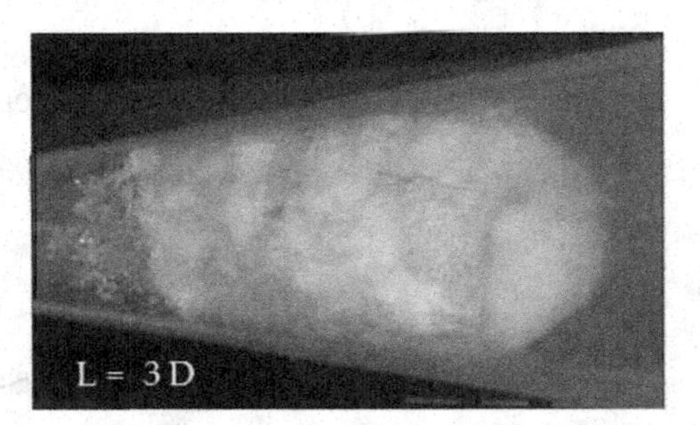

- Welche Leistung P muss dem Fluid zugeführten werden?
- Welche Leistung pro Volumen stellt sich im Wirkraum ein?

Aufgabe 12: Ein Aufwindkraftwerk mit den Daten

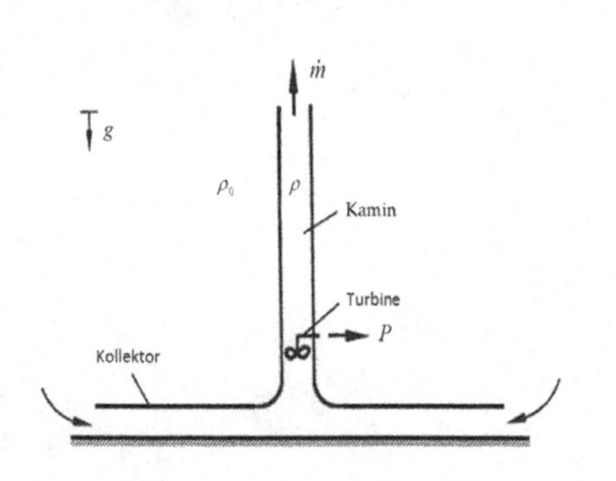

Elektrische Leistung $P = 200 MW$

Turmhöhe $H = 1000 m$

Turmdurchmesser $D = 130 m$

Kollektordurchmesser $D_K = 7\ km$

Kollektorfläche $A_K = 38\ km^2$

Kaminvolumen $V_T = H\ D^2 \pi / 4 = 1{,}3 \cdot 10^7 m^3$

Solarkonstante $q_S = 1\ kW / m^2$

soll energetisch beurteilt werden.

- Welcher Wirkungsgrad η ist zu erreichen?
- Ist die Idee des Aufwindkraftwerks im Vergleich mit der Nutzung des natürlichen Windes sinnvoll?
- Welche Leistungsdichte ergibt sich im Vergleich mit der der Atombombe und der Desintegration?

Aufgabe 13: Es ist die Ausflussgeschwindigkeit U aus einer Sanduhr mit einer Auslassöffnung vom Durchmesser D gesucht. Dabei ist zu beachten, dass der Ausfluss, anders als bei einer Flüssigkeit, nicht von der Füllhöhe abhängt (Siloeffekt).

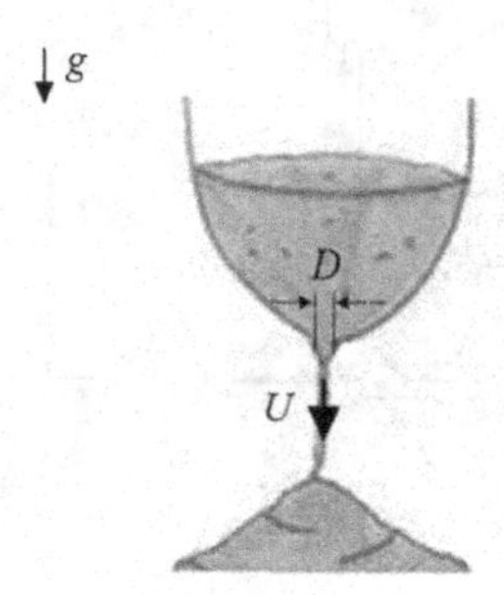

Aufgabe 14: Es wird der skizzierte Rührer betrachtet, der hinreichend tief unterhalb der Fluidoberfläche angebracht ist, so dass eine Wellenbildung an der Oberfläche ohne Bedeutung ist.

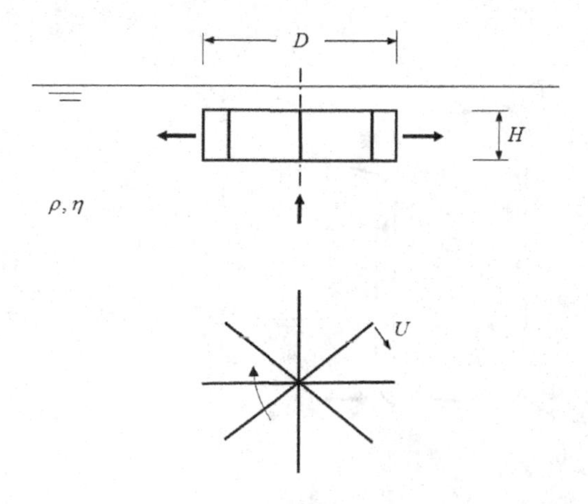

- Wie ist die Leistung P in Abhängigkeit von der aufgeprägten Umfangsgeschwindigkeit U zu beschreiben?
- Unter welcher Voraussetzung ist die Leistung allein von der Re-Zahl abhängig?

Aufgabe 15: Es wird ein passives System (Naturumlaufsystem) zur Wärmeabfuhr betrachtet, das einphasig betrieben wird.

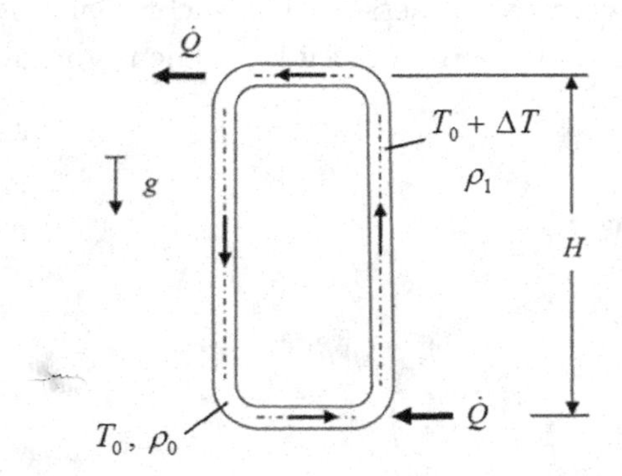

- Welcher Massenstrom $\dot{m}$ stellt sich ein?
- Wie ist der Massenstrom $\dot{m}$ mit der abzuführenden Wärmeleistung $\dot{Q}$ verknüpft?
- Wie sind die beiden Aussagen für den einphasigen Betrieb abzuändern, wenn der Naturumlauf zweiphasig betrieben wird?

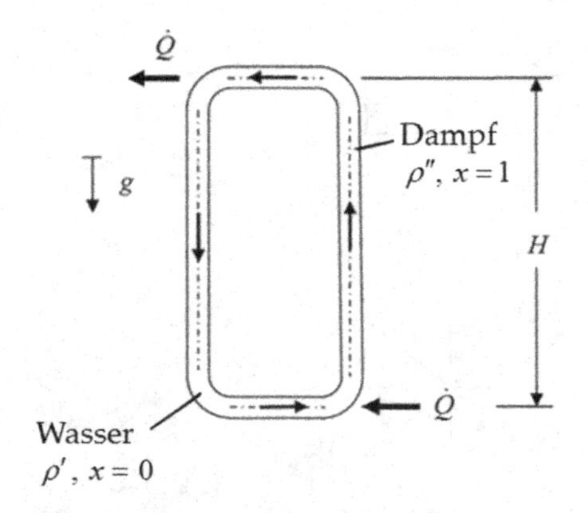

Aufgabe 16: Der skizzierte Balken mit der Biegesteifigkeit EJ und der Länge L wird mittig mit einer Kraft F belastet.

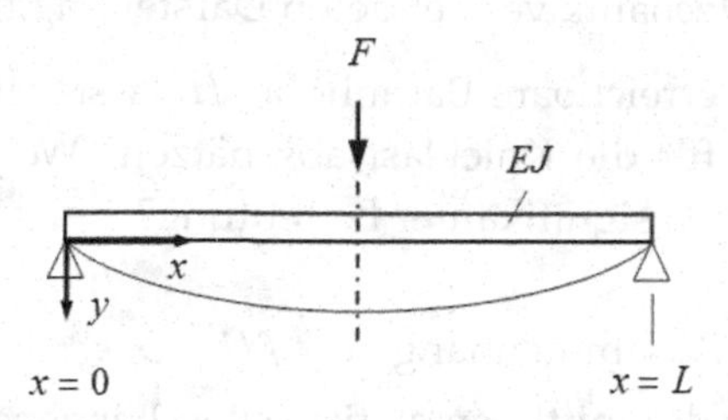

- Welche Durchbiegung $y(x)$ stellt sich ein?

Aufgabe 17: Ein Balken mit der Biegesteifigkeit EJ und der Länge L wird am freien Balkenende mit einem Moment M belastet.

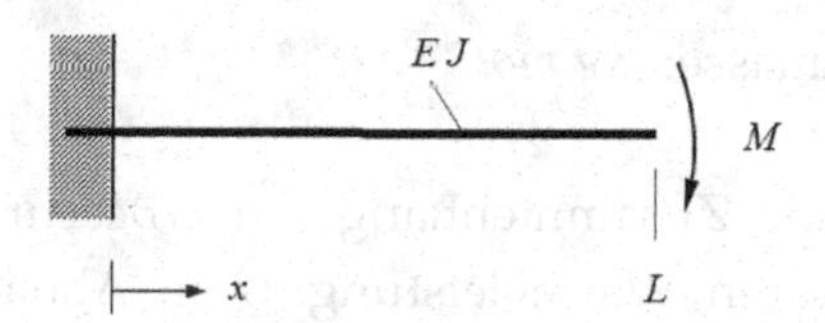

- Welche Durchbiegung $y(x)$ stellt sich ein?

Aufgabe 18: Es wird ein Knickstab mit dem Elastizitätsmodul E, dem Durchmesser D und der Länge L betrachtet.

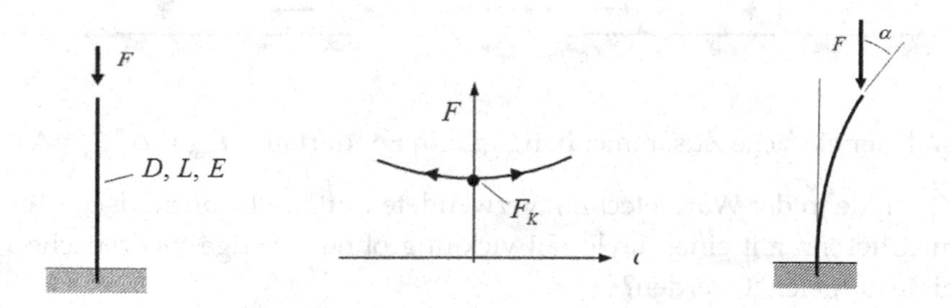

- Welche maximal ertragbare Knicklast F_K kann ohne Ausknicken ertragen werden?

- Da nur der Elastizitätsmodul E als Materialgröße vorgegeben ist, muss die Rechnung selbst die Biegesteifigkeit EJ aufzeigen. Stimmt der gefundene Wert mit der in der Mechanik verwendeten Darstellung überein?
- Welche in der Natur erreichbare Baumhöhe H lässt sich mit dem gefundenen Zusammenhang für die Knicklast abschätzen? Welche Materialgrößenkombination ist hier von signifikanter Bedeutung?

Aufgabe 19: Welcher Zusammenhang $x = f(k_A, \rho, k_B, T, \mu, M)$ muss gelten, damit die Beschreibung der mittleren statistischen Längenänderung $L = \sqrt{x}\, L_0$, $L > L_0$ eines auf Zug belasteten Elastomers die Dimensionshomogenität erfüllt?

Einflussgrößen:
k_A Avogadro-Konstante: mol^{-1}
k_B Boltzmann-Konstante: $m^2\, kg\, s^{-2} K^{-1}$
ρ Dichte: $m^{-3}\, kg$
T Temperatur: K
μ Schubmodul: $m^{-1}\, kg\, s^{-2} = N/m^2$
M Molmasse: $kg\, mol^{-1}$

Aufgabe 20: Es ist der Zusammenhang zur Beschreibung der mit Wärmeübertragern erreichbaren Wärmeleistung $\dot{Q}$ in Abhängigkeit von der aufgeprägten maximalen und minimalen Temperaturdifferenz ΔT_{max}, ΔT_{min} darzustellen, der sowohl im Gleich- als auch und Gegenstrombetrieb gültig ist.

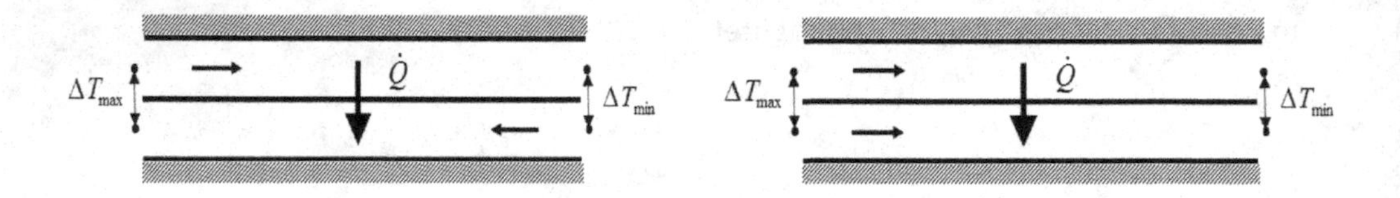

- Welcher einfache Zusammenhang gilt im Sonderfall $\Delta T_{max} = \Delta T_{min} = \Delta T$?
- Kann die in der Wärmetechnik verwendete mittlere logarithmische Temperaturdifferenz mit einer Taylorentwicklung ohne sonstige theoretische Kenntnisse hergeleitet werden?
- Stimmt im Sonderfall $\Delta T_{max} = \Delta T_{min} = \Delta T$ das erste Glied der Taylorentwicklung exakt mit der logarithmischen Temperaturdifferenz überein?

10.2 Lösungen

Aufgabe 1: Erwärmung im hydraulischen System

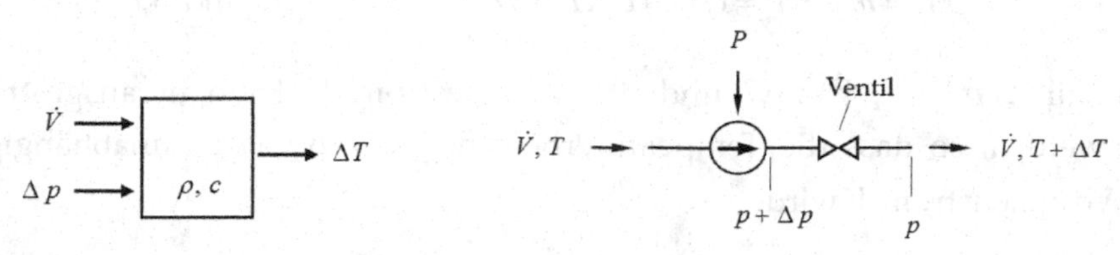

Fluid: ρ, c

1.1	ΔT	Δp	$\dot{V}$	ρ	c
L	0	−1	3	−3	2
M	0	1	0	1	0
T	0	−2	−1	0	−2
Θ	1	0	0	0	−1

- Aus der Dimensionsmatrix 1.1 kann unmittelbar der Zusammenhang

$$\Delta T = \frac{\Delta p}{\rho c}$$

abgelesen werden. Der Volumenstrom hat keinen Einfluss.

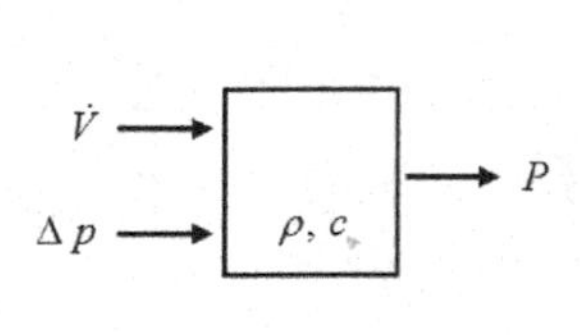

1.2	P	Δp	$\dot{V}$	ρ	c
L	2	−1	3	−3	2
M	1	1	0	1	0
T	−3	−2	−1	0	−2
Θ	0	0	0	0	−1

- Aus der Dimensionsmatrix 1.2 kann unmittelbar der Zusammenhang

$$P = \Delta p \, \dot{V}$$

abgelesen werden. Der Volumenstrom hat Einfluss.

- Unabhängigkeit der Tempeaturerhöhung vom Volumenstrom:

  Die von der Pumpe aufgeprägte mechanische Energie/Zeit P wird vollständig in thermische Energie/Zeit $\dot{Q}$ umgewandelt:

$$P = \Delta p\, \dot{V} = \dot{m}\, c\, \Delta T = (\rho\, \dot{V})\, c\, \Delta T = \dot{Q} \qquad \rightarrow\; P \sim \dot{V} \text{ und } \dot{Q} \sim \dot{V}$$

  Somit gilt $\Delta p\, \dot{V} = (\rho \dot{V})\, c\, \Delta T$ und der Volumestrom $\dot{V}$ kann herausgestrichen werden, so dass die Tempeaturerhöhung $\Delta T = \Delta p / (\rho c)$ unabhängig vom Vo lumenstrom $\dot{V}$ wird.

Aufgabe 2: Heizen mit elektrischem Widerstand

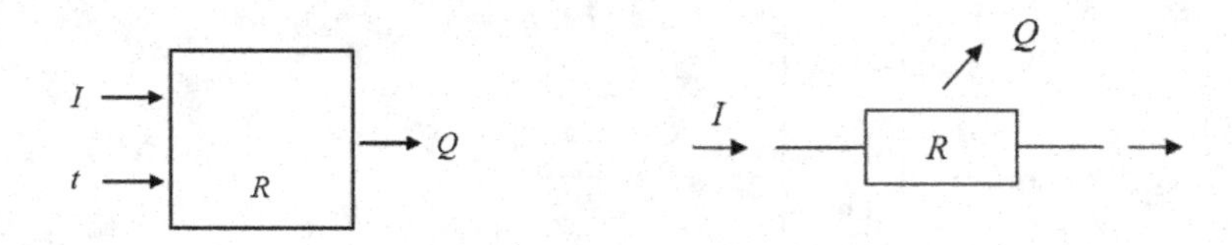

2.1	Q	I	R	t
L	2	0	2	0
M	1	0	1	0
T	−2	0	−3	1
I	0	1	−2	0

$I/I^* = I/I = 1 = \Pi_1 \rightarrow$

$t/t^* = t/t = 1 = \Pi_2 \rightarrow$

R

$\rightarrow Q/Q^* = Q/(I^2 R\, t) = \Pi_0$

Π -Theorem: $\Pi_0 = \dfrac{Q}{I^2 R\, t} = G(\Pi_1 = 1,\, \Pi_2 = 1) = K$

Experiment $K = 1$: $\rightarrow Q = I^2 R\, t$

Aufgabe 3: Aufladen eines elektrischen Kondensators

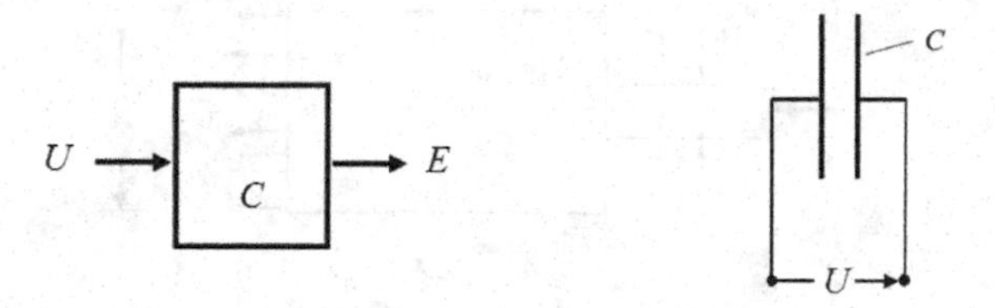

	E	U	C
L	2	2	−2
M	1	1	−1
T	−2	−3	4
I	0	−1	2

$$\frac{U}{U^*} = \frac{U}{U} = 1 = \Pi_1 \longrightarrow \boxed{C} \longrightarrow \frac{E}{E^*} = \frac{E}{C\,U^2} = \Pi_0$$

Π -Theorem: $$\Pi_0 = \frac{E}{C\,U^2} = G\,(\Pi_1 = 1) = K$$

Experiment $K = 1/2$: $$\rightarrow \; E = \frac{1}{2}\,C\,U^2$$

Aufgabe 4: Strömung durch Bordageometrie

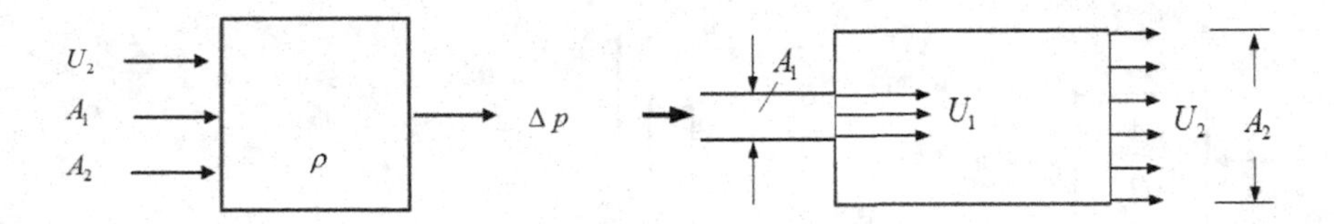

	Δp	U_2	A_1	A_2	ρ
L	-1	1	2	2	-3
M	1	0	0	0	1
T	-2	-1	0	0	0

$$\frac{U_2}{U_2^*} = \frac{U_2}{U_2} = \Pi_1 = 1 \quad \rightarrow$$

$$\frac{A_1}{A_1^*} = \frac{A_1}{A_1} = \Pi_2 = 1 \quad \rightarrow \quad \rho \quad \rightarrow \quad \frac{\Delta p}{\Delta p^*} = \frac{\Delta p}{\rho\, U_2^2} = \Pi_0$$

$$\frac{A_2}{A_2^*} = \frac{A_2}{A_1} = \Pi_3 \quad \rightarrow$$

Π -Theorem:

$$\Pi_0 = \frac{\Delta p}{\rho\, U_2^2} = G(\Pi_1 = 1, \Pi_2 = 1, \Pi_3 = \frac{A_2}{A_1})$$

$$\rightarrow \ \Delta p = \rho U_2^2\, \widetilde{G}(A_2 / A_1)$$

Mit dem konstanten Massenstrom $\dot{m} = \rho\, U_1\, A_1 = \rho\, U_2\, A_2$ bzw. Volumenstrom $\dot{V} = U_1\, A_1 = U_2\, A_2$ ist auch die Geschwindigkeit $U_1 = U_1(U_2, A_1, A_2)$ mit der Vorgabe der Geschwindigkeit U_2 und den beiden Querschnitten A_1, A_2 bestimmt und es kann der Zusammenhang zwischen den Strömungsquerschnitte A_2, A_1 und den Strömungsgeschwindigkeiten U_1, U_2 angegeben werden:

$$\frac{A_2}{A_1} = 1 + \frac{A_2 - A_1}{A_1} = 1 + (\frac{A_2}{A_1} - 1) = 1 + (\frac{U_1}{U_2} - 1) = 1 + \frac{U_1 - U_2}{U_2}$$

Mit der Entwicklung der Funktion $\widetilde{G}$ um den Grenzfall ohne Druckverlust $\Delta p = 0$, der sich für $\varepsilon = (A_2 - A_1)/A_1 = (U_1 - U_2)/U_2 \to 0$ mit $A_2 = A_1$, $U_1 = U_2$ einstellt

$$\widetilde{G}(A_2/A_1) = \widetilde{G}(1+\varepsilon) = \widetilde{G}(1) + \widetilde{G}'(1)\ \varepsilon + \frac{1}{2}\widetilde{G}''(1)\ \varepsilon^2 + ...$$

folgt für $\varepsilon \to 0$ das Verschwinden von $\widetilde{G}(1)$ und das Experiment zeigt, dass der Canotsche Druckverlust mit dem quadratischem Term beschrieben wird. Dahinter verbirgt sich eine Symmetrie $\widetilde{G}(1+\varepsilon) = \widetilde{G}(1-\varepsilon)$, so dass sich mit $\widetilde{G}(1) = 0$, $\widetilde{G}''(1) = 0$ in gröbster Näherung

$$\Delta p = \rho U_2^2 \widetilde{G}''(1) \frac{(U_1 - U_2)^2}{U_2^2} = K \rho\ (U_1 - U_2)^2$$

ergibt. Das Experiment liefert zudem die Konstante $K = 1$, so dass als Präsentanz für den Carnotschen Druckverlust

$$\to\ \Delta p = \rho\ (U_1 - U_2)^2$$

angegeben werden kann.

Aufgabe 5: Scherströmung

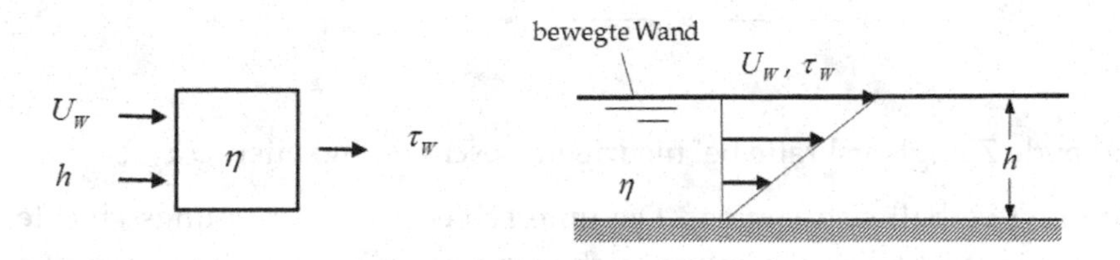

	τ_W	U_W	h	η
L	-1	1	1	-1
M	1	0	0	1
T	-2	-1	0	-1

$$\frac{U_W}{U_W^*} = \frac{U_W}{U_W} = 1 = \Pi_1 \rightarrow \qquad \frac{h}{h^*} = \frac{h}{h} = 1 = \Pi_2 \rightarrow \quad \boxed{\eta} \quad \rightarrow \frac{\tau_W}{\tau_W^*} = \frac{\tau_W}{\eta \, U_W / h} = \Pi_0$$

Π -Theorem: $$\Pi_0 = \frac{\tau_W}{\eta \, U_W / h} = G(\Pi_1 = 1, \Pi_2 = 1) = K$$

Experiment $K = 1$: $$\rightarrow \quad \tau_W = \eta \, \frac{U_W}{h}$$

Aufgabe 6: Rohrströmung

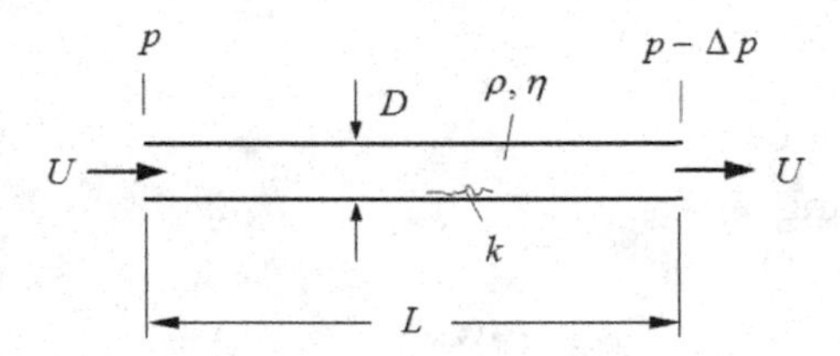

- Dominierende Zähigkeitskräfte bei niedrigen Geschwindigkeiten U :

  Die Strömung verhält sich laminar. Die unterschiedlichen Strömungsschichten vermischen sich nicht. Das Strömungsverhalten wird allein durch die Zähigkeit η des Fluids bestimmt.

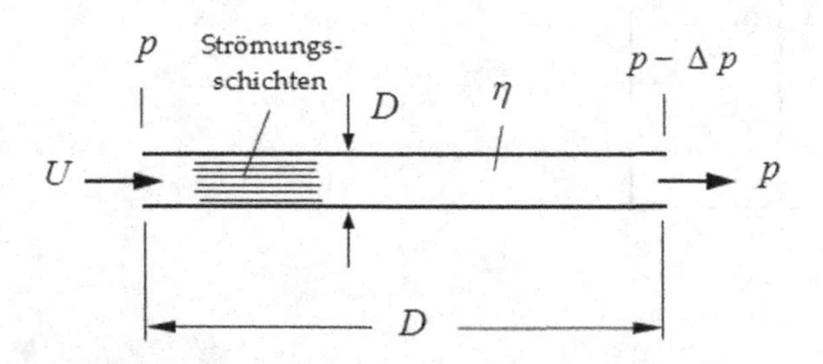

Mit der systemtechnischen dimensionsbehafteten Darstellung

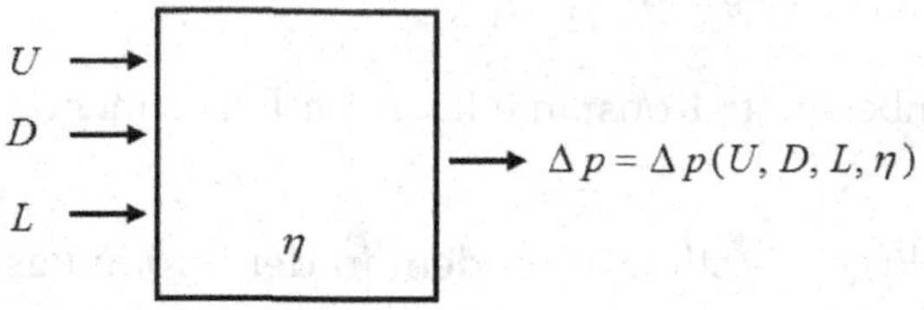

$U \rightarrow$, $D \rightarrow$, $L \rightarrow$ [Block mit η] $\rightarrow \Delta p = \Delta p(U, D, L, \eta)$

und der zugehörigen Dimensionsmatrix

	Δp	U	D	L	η
L	-1	1	1	1	-1
M	1	0	0	0	1
T	-2	-1	0	0	-1

kann auf die dimensionsfreie systemtechnische Darstellung geschlossen werden

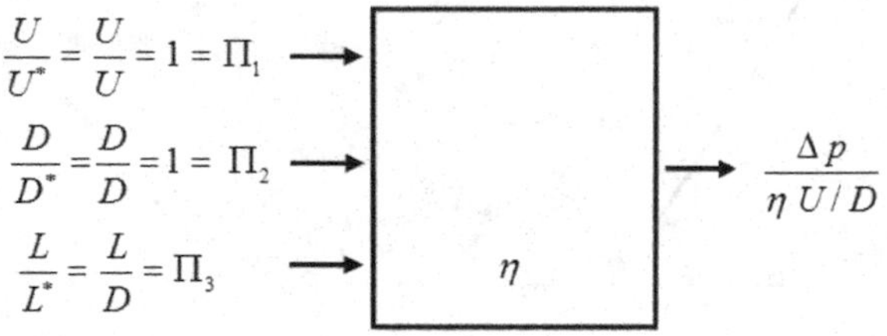

$$\frac{U}{U^*} = \frac{U}{U} = 1 = \Pi_1 \rightarrow$$

$$\frac{D}{D^*} = \frac{D}{D} = 1 = \Pi_2 \rightarrow$$

$$\frac{L}{L^*} = \frac{L}{D} = \Pi_3 \rightarrow$$

[Block mit η] $\rightarrow \dfrac{\Delta p}{\eta\, U / D}$

aus der sich unmittelbar der Zusammenhang

Π -Theorem: $$\Pi_0 = \frac{\Delta p}{\eta\, U / D} = G(\Pi_1 = 1, \Pi_2 = 1, \Pi_3 = \frac{L}{D})$$

abgelesen werden kann, der sich auf

$$\Delta p = \widetilde{G}(\frac{L}{D})\frac{\eta\, U}{D}$$

reduziert.

Mit der Zusatzinformation $\Delta p \sim L$ (Druckverlust steigt proportional mit Verlängerung des Rohres an) vereinfacht sich die Aussage für den Druckverlust auf

$$\Delta p = K \frac{L}{D} \frac{\eta U}{D}$$

und die noch unbekannte Konstante kann im Experiment zu $K = 32$ bestimmt werden.

Das gefundene Ergebnis stimmt mit dem in der Strömungsmechanik mit theoretischen Mitteln hergeleiteten Ergebnis überein:

$$\Delta p = \lambda(\mathrm{Re}) \frac{L}{D} \frac{\rho}{2} U^2 \quad \text{mit} \quad \lambda(\mathrm{Re}) = \frac{64}{\mathrm{Re}}, \quad \mathrm{Re} = \frac{U D}{\eta / \rho}$$

$$\rightarrow \quad \Delta p = \frac{64}{U D} \frac{\eta}{\rho} \frac{L}{D} \frac{\rho}{2} U^2 = 32 \eta \frac{L}{D^2} U$$

Der Druckverlust ist allein abhängig von der Zähigkeit η des Fluids.
In logarithmischer Darstellung der Widerstandszahl λ(Re) ergibt sich die Darstellung der mit der der Re-Zahl abfallenden Geraden.

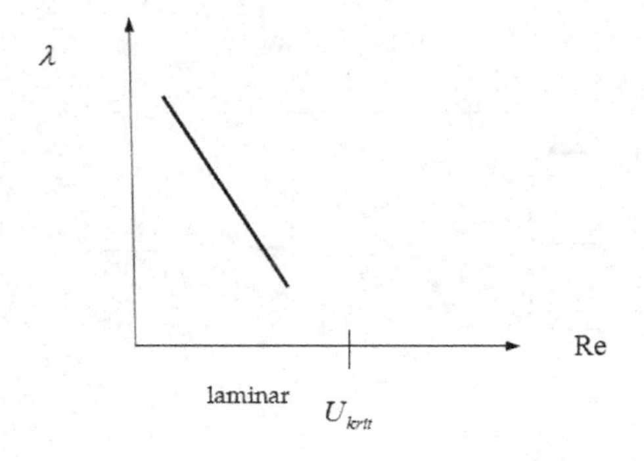

- Zusätzlich wirkende Trägheitskräfte bei höheren Geschwindigkeiten U:

  Die Strömung wird bei Überschreitung einer kritischen Geschwindigkeit $U > U_{krit}$ turbulent. Das turbulente Strömungsverhalten wird jetzt nicht nur durch die Reibungseffekte, sondern auch durch Trägheitseffekte bestimmt, die mit der Dichte ρ (Masse/Volumen) des Fluids verknüpft sind. Es treten stabilitätsbedingt starke Querbewegungen auf. Durch die Wechselwirkung der Strömung mit der Rauheit der Rohroberfläche (Rauhigkeit k) sind die Druckverluste auch abhängig von Art der Fertigung der Rohre.

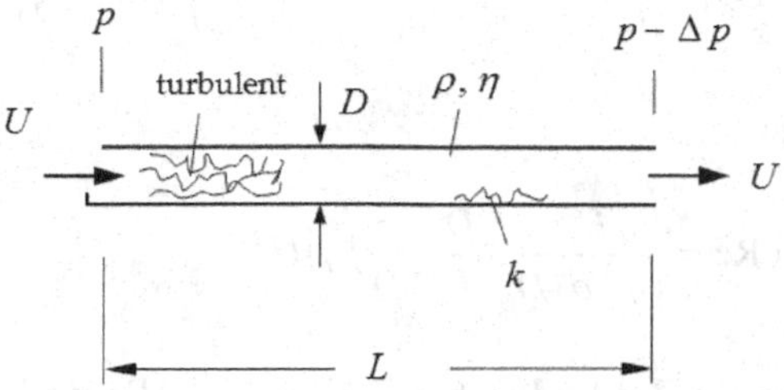
p
p − Δp
turbulent
D
ρ, η
U
U
k
L

Ausgehend von der systemtechnischen dimensionsbehafteten Darstellung

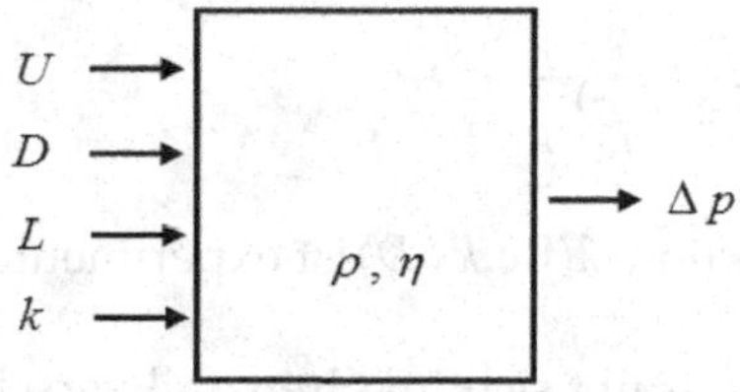
U
D
L
k
ρ, η
Δp

mit den zusätzlichen Einflussgrößen Dichte ρ und Rauhigkeit k ist aus der entsprechend erweiterten Dimensionsmatrix

	Δp	U	D	L	k	ρ	η
L	−1	1	1	1	1	−3	−1
M	1	0	0	0	0	1	1
T	−2	−1	0	0	0	0	−1

die dimensionsfreie systemtechnische Darstellung

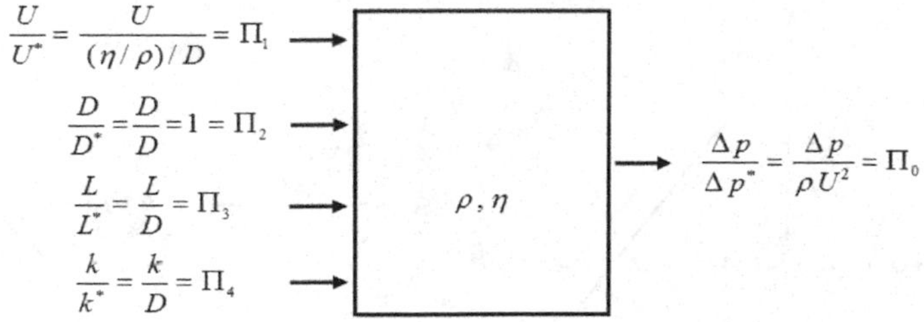
$\frac{U}{U^*} = \frac{U}{(\eta/\rho)/D} = \Pi_1$
$\frac{D}{D^*} = \frac{D}{D} = 1 = \Pi_2$
$\frac{L}{L^*} = \frac{L}{D} = \Pi_3$
$\frac{k}{k^*} = \frac{k}{D} = \Pi_4$
ρ, η
$\frac{\Delta p}{\Delta p^*} = \frac{\Delta p}{\rho U^2} = \Pi_0$

ablesbar, die auf die Darstellung

$$\Pi_0 = \frac{\Delta p}{\rho U^2} = G(\Pi_1 = \frac{U}{(\eta / \rho) D}, \Pi_2 = 1 , \Pi_3 = \frac{D}{L}, \Pi_4 = \frac{k}{D})$$

führt, die den Druckverlust

$$\Delta p = \widetilde{G}(\mathrm{Re} = \frac{U}{(\eta / \rho) D}, \frac{D}{L}, \frac{k}{D})\ \rho U^2$$

in Abhängigkeit von der Re-Zahl, der Schlankheit L/D und der auf den Durchmesser des Rohres bezogen Rauhigkeit k/D zeigt.

Mit der Proportionalität $\Delta p \sim L$ kann weiter vereinfacht

$$\Delta p = \lambda(\mathrm{Re}, \frac{k}{D}) \frac{D}{L} \frac{\rho}{2} U^2$$

geschrieben werden. Die Funktion $\lambda(\mathrm{Re}, k/D)$ ist experimentell zu bestimmen.

- Eine weitere Vereinfachung ergibt sich im Grenzfall verschwindender Zähigkeit, der mit $\eta \to 0$ bzw. $\mathrm{Re} \to \infty$ erreicht wird.

Der Druckverlust

$$\Delta p = \lambda(\frac{k}{D})\ \frac{D}{L} \frac{\rho}{2} U^2$$

für sehr große Re-Zahlen ist nur noch abhängig von k/D, D/L und dem Staudruck der Strömung $\rho U^2/2$. Dies ist die Situation der vollständig ausgebildeten Rauhigkeitsströmung, die sich in der Darstellung für die Widerstandszahl unabhängig von der Re-Zahl allein in Abhängigkeit von der relative Rauhigkeit k/D ergibt. Die Konstante k/D kann mit einem einzigen Experiment bestimmt werden.

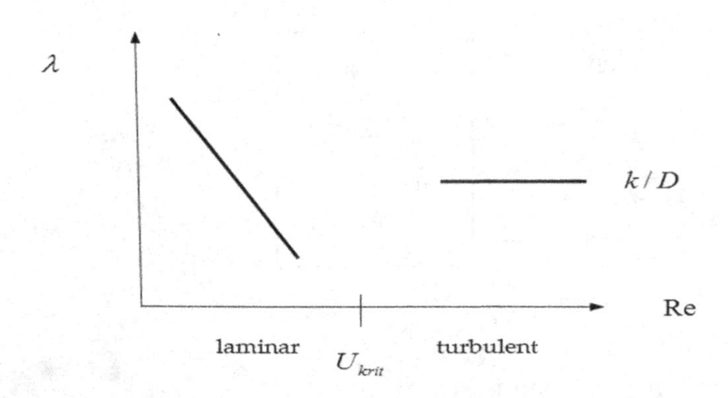

Aufgabe 7 : Bewegung einer Kugel in Nähe der Fluidoberfläche

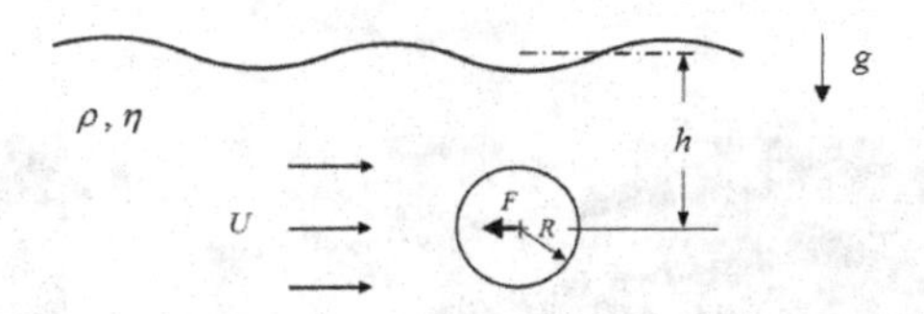

- Überwasserschiff:

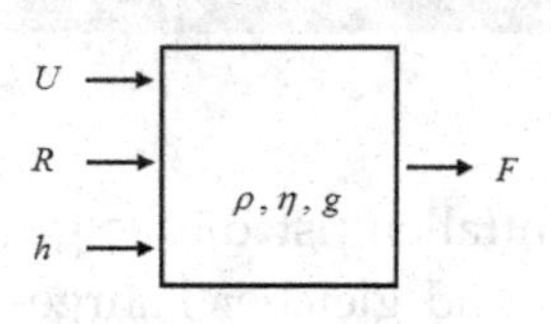

	F	U	R	ρ	η	g	h
L	1	1	1	-3	-1	1	1
M	1	0	0	1	1	0	0
T	-2	-1	0	0	-1	-2	0

$$\frac{U}{U^*} = \frac{U}{(\eta/\rho)/R} = \Pi_1 \longrightarrow$$

$$\frac{R}{R^*} = \frac{R}{U^2/g} = \Pi_2 \longrightarrow$$

$$\frac{h}{h^*} = \frac{h}{R} = \Pi_3 \longrightarrow$$

ρ, η, g

$$\longrightarrow \frac{F}{F^*} = \frac{F}{F^*} = \frac{F}{\rho\, U^2 R^2} = \Pi_0$$

Π -Theorem:
$$\Pi_0 = \frac{F}{\rho\, U^2\, R^2} = G(\Pi_1, \Pi_2, \Pi_3)$$

$$= \widetilde{G}(\Pi_1 = \mathrm{Re},\ \widetilde{\Pi}_2 = \Pi_2^{-1} \cdot \Pi_3^{-1} = Fr,\ \Pi_3 = h/R)$$

mit $\quad \mathrm{Re} = \dfrac{U R}{\eta/\rho},\ Fr = \dfrac{U^2}{g h}$

$$\rightarrow\ F = \rho U^2 R^2 \cdot \widetilde{G}(\mathrm{Re},\ Fr,\ h/R)$$

- Unterwasserschiff:

$$h \to \infty: \quad F = \rho U^2 R^2 \cdot \widetilde{G}(\mathrm{Re})$$

- Da bei einem Unterwasserschiff die Wellenverluste entfallen, ist dieses gegenüber einem Überwasserschiff bei gleicher Tonnage und gleicher Fahrgeschwindigkeit energetisch günstiger zu betreiben.

- Eine Analogie hinsichtlich des Widerstandsverhaltens besteht auch bei Flugzeugen. Etwa bei langsam fliegenden Sportflugzeugen ist der Widerstand allein von Re- Zahl abhängig. Diese verhalten sich wie U-Boote. Die Kompressibilität der Luft spielt keine Rolle. Erst wenn sich Fluggeräte hinreichend schnell bewegen wird die Kompressibilität wesentlich. Der Widerstand wird dann sowohl von der Re- Zahl als auch der Mach-Zahl bestimmt, die den dann einsetzenden Wellenwiderstand bei der Annäherung $Ma \to 1$ charakterisiert.

Aufgabe 8: Fadenpendel

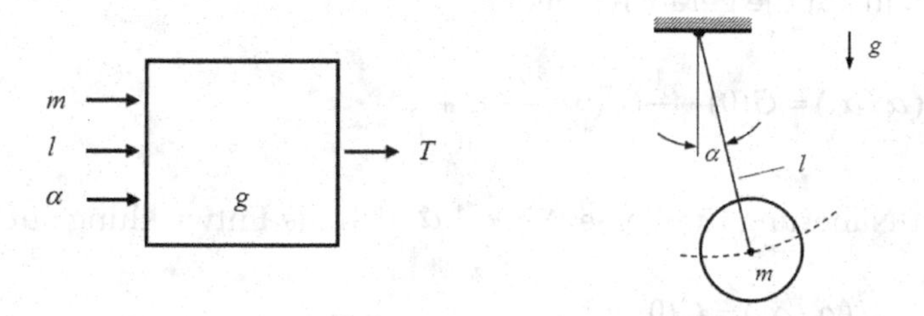

	T	m	l	α	g
L	0	0	1	0	1
M	0	1	0	0	0
T	1	0	0	0	-2

$$\frac{m}{m^*} = \frac{m}{m} = 1 = \Pi_1 \rightarrow$$

$$\frac{l}{l^*} = \frac{l}{l} = 1 = \Pi_2 \rightarrow$$

$$\frac{\alpha}{\alpha^*} = \frac{\alpha}{1} = \alpha = \Pi_3 \rightarrow$$

g

$$\rightarrow \frac{T}{T^*} = \frac{T}{\sqrt{l/g}} = \Pi_0$$

Π -Theorem: $$\Pi_0 = \frac{T}{\sqrt{l/g}} = G(\Pi_1 = 1,\, \Pi_2 = 1,\, \Pi_3 = \frac{\alpha}{\alpha_0})$$

$$\rightarrow \; T = \sqrt{l/g}\; \widetilde{G}(\alpha)$$

Mit der Entwicklung der Funktion $\widetilde{G}$ um Ruhelage $\alpha = 0$

$$\widetilde{G}(\alpha/\alpha_0) = \widetilde{G}(0) + \widetilde{G}'(0)\,\frac{\alpha}{\alpha_0} + \frac{1}{2}\,\widetilde{G}''(0)\,(\frac{\alpha}{\alpha_0})^2 + \ldots$$

und Beachtung der Symmetrie $\tilde{G}(\alpha/\alpha_0) = \tilde{G}(-\alpha/\alpha_0)$, vereinfacht sich die Taylorentwicklung allein auf die geraden Glieder

$$\tilde{G}(\alpha/\alpha_0) = \tilde{G}(0) + \frac{1}{2}\tilde{G}''(0)\,(\frac{\alpha}{\alpha_0})^2 + ...$$

so dass in gröbster Näherung für kleine Winkel α sich die Entwicklung auf

$$\tilde{G}(\alpha/\alpha_0) = \tilde{G}(0) = K$$

reduziert und für die Schwingungsdauer

$$T = K\,\sqrt{l/g}$$

angegeben werden kann. Ein einziges Experiment genügt zu Bestimmung der noch unbekannten Konstanten K, die sich bei der theoretischen Betrachtung exakt zu $K = 2\pi$ ergibt.

$$\rightarrow\; T = 2\pi\,\sqrt{l/g}$$

Aufgabe 9 : Masse-Feder-Schwinger

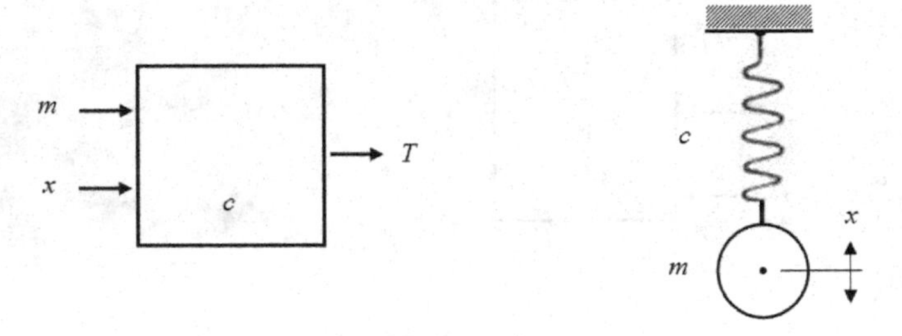

	T	m	c	x
L	0	0	1	0
M	0	1	0	0
T	1	0	0	0

$$\frac{m}{m^*} = \frac{m}{m} = 1 = \Pi_1 \longrightarrow \quad \boxed{\quad c \quad} \longrightarrow \frac{T}{T^*} = \frac{T}{\sqrt{m/c}} = \Pi_0$$

$$\frac{x}{x^*} = \frac{x}{x_0} = 1 = \Pi_2 \longrightarrow$$

Π -Theorem: $$\Pi_0 = \frac{T}{\sqrt{m/c}} = G(\Pi_1 = 1,\, \Pi_2 = \frac{x}{x_0})$$

$$\rightarrow \; T = \sqrt{m/c}\; \widetilde{G}(\frac{x}{x_0})$$

Mit der Entwicklung der Funktion $\widetilde{G}$ um Ruhelage $x = 0$

$$\widetilde{G}(x/x_0) = \widetilde{G}(0) + \widetilde{G}'(0)\,\frac{x}{x_0} + \frac{1}{2}\,\widetilde{G}''(0)\,(\frac{x}{x_0})^2 + ...$$

und Beachtung der Symmetrie $\widetilde{G}(x/x_0) = \widetilde{G}(-x/x_0)$, vereinfacht sich die Taylorentwicklung allein auf die geraden Glieder

$$\widetilde{G}(x/x_0) = \widetilde{G}(0) + \frac{1}{2}\widetilde{G}''(0)\,(\frac{x}{x_0})^2 + ...$$

so dass in gröbster Näherung für kleine Winkel α sich die Entwicklung auf

$$\widetilde{G}(x/x_0) = \widetilde{G}(0) = K$$

reduziert und für die Schwingungsdauer

$$T = K\,\sqrt{m/c}$$

angegeben werden kann. Ein einziges Experiment genügt zu Bestimmung der noch unbekannten Konstanten K, die sich bei der theoretischen Betrachtung wie beim Schwerependel exakt zu $K = 2\pi$ ergibt.

$$\rightarrow \; T = 2\pi\,\sqrt{m/c}$$

Aufgabe 10: Ein eindrucksvolles Beispiel für die Effizienz der Dimensionsbetrachtungen ist die Bestimmung der Sprengkraft einer Atomexplosion

Trinity-Atombombentest 1945

die allein mit Hilfe eines Fotos des Atompilzes gelingt (G. I. Taylor).

Zur Zeit $t = 0{,}025\,s$ nach der Zündung in der ungestörten Atmosphäre mit der Dichte $\rho \approx 1{,}2\ kg/m^3$ hatte der Atompilz eine halbkugelförmige Form mit dem Radius von $R = 130\,m$.

Allein mit der Kenntnis dieser Informationen (Bild) kann für die dem Atompilz innewohnende Energie abgeschätzt werden.

Mit der dimensionsbehafteten systemtechnischen Darstellung der zugehörigen Dimensionsmatrix

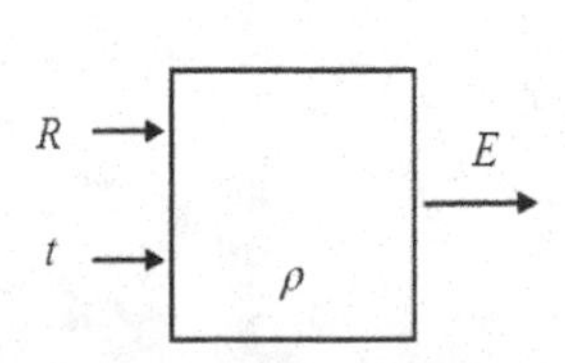

	E	R	t	ρ
L	2	1	0	−3
M	1	0	0	1
T	−2	0	1	0

und der zugehörigen dimensionsbehafteten systemtechnischen Darstellung

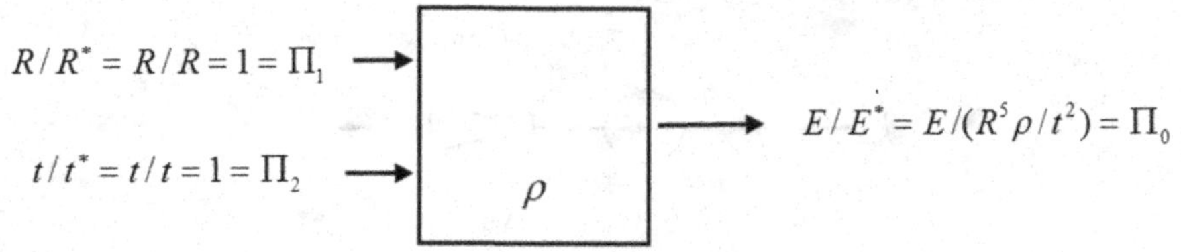

$$R/R^* = R/R = 1 = \Pi_1 \rightarrow \quad t/t^* = t/t = 1 = \Pi_2 \rightarrow \quad \boxed{\rho} \quad \rightarrow E/E^* = E/(R^5\rho/t^2) = \Pi_0$$

Π -Theorem: $\quad \Pi_0 = E/(R^5\rho/t^2) = G(\Pi_1 = 1, \Pi_2 = 1) = K$

kann der Zusammenhang

$$E = K\frac{R^5\rho}{t^2}$$

konstruiert werden. Im Vergleich mit dem Experiment wurde $K \approx 1$ festgestellt.

- Freigesetze Energie: $\quad E = \dfrac{R^5\rho}{t^2} = 7{,}1\cdot 10^{13}\ Ws$

  $7{,}1\cdot 10^{13}\ Ws \triangleq$ 19.000 Tonnen TNT

  1 Tonne TNT $\triangleq$ 4,18 Milliarden Ws

- Für die Leistung/Volumen kann damit

$$P = \frac{R^5\rho}{t^3} = 2{,}84\cdot 10^{12}\ kW\ , \quad V = \frac{4}{3}\pi\ R^3 = 4{,}6\cdot 10^6\ m^3$$

$$\rightarrow \quad P/V = 13\cdot 10^6\ kW/m^3$$

angeschreiben werden.

Aufgabe 11: Desintegration

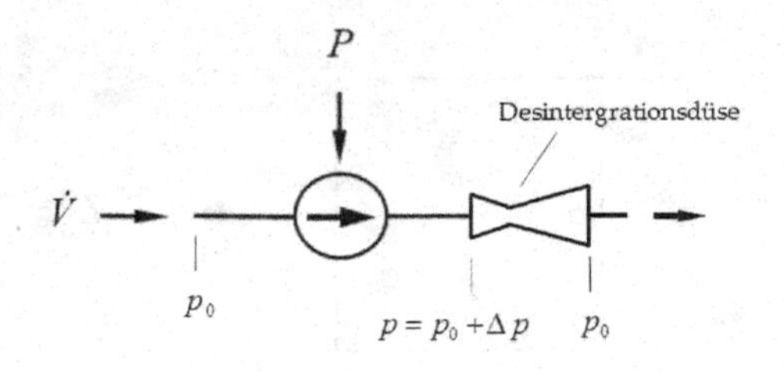

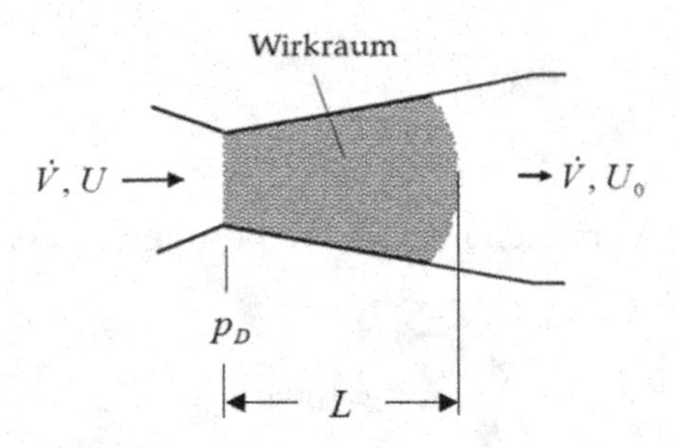

Im Grenzfall ohne aufgespannten Wirkraum ist das Fluid im Bereich zwischen dem engsten Querschnitt und der Ausflussquerschnitt als Flüssigkeit vorhanden. Die kinetische Energie/Volumen im engsten Querschnitt $\rho U^2_{krit}/2$ wird nahezu vollständig in Druckenergie/Volumen p_0 im Ausflussquerschnitt umgesetzt. Der engste Querschnitt ist im diesem Grenzfall eine Unstetigkeitsfläche.

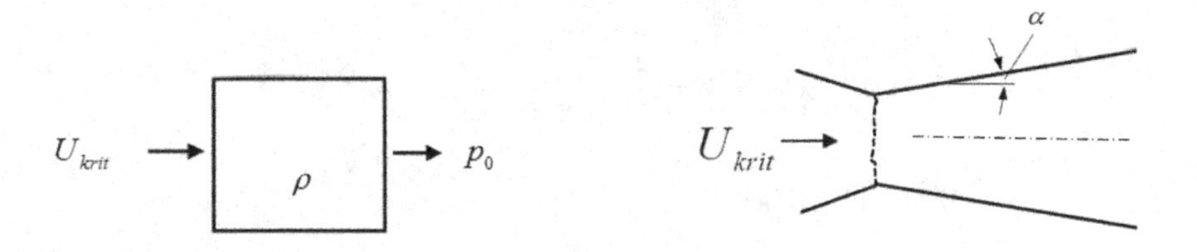

	p_0	U_{krit}	ρ
L	-1	1	-3
M	1	0	1
T	-2	-1	0

$$\frac{U_{krit}}{U_{krit}^*} = \frac{U_{krit}}{U_{krit}} = 1 = \Pi_1 \longrightarrow \boxed{\rho} \longrightarrow \frac{p_0}{p_0^*} = \frac{p_0}{\rho U_{krit}^2 / 2} = \Pi_0$$

Π -Theorem:

$$\Pi_0 = \frac{p_0}{\rho U_{krit}^2 / 2} = G(\Pi_1 = 1) = K$$

$$U_{krit} = \tilde{K} \sqrt{\frac{2\, p_0}{\rho}}$$

Experiment zeigt $\tilde{K} = 1$: $\quad U_{krit} = \sqrt{\frac{2\, p_0}{\rho}}$

- Mit dem Fluid Wasser der Dichte $\rho = 1000\ kg/m^3$ und bei Umgebungsdruck $p_0 = 1\ bar$ ergibt sich die kritische Geschwindigkeit zu:

$$\rightarrow\ U_{krit} = \sqrt{2\, p_0 / \rho} = 14{,}14\ m/s$$

$$\rightarrow\ \dot{V}_{krit} = U_{krit}\ D^2 \pi / 4 = 0{,}0025\, m^3/s = 9{,}2\ m^3/h$$

Experiment, überkritisch, mit Wirkraum:

$$D = 0{,}015\ m,\quad A = D^2\pi/4 = 0{,}00018\ m^3,\quad \alpha = 5^0$$

$$U_{krit} = \sqrt{2\,p_0/\rho} = 14{,}14\ m/s,\ \dot{V}_{krit} = U_{krit}\ D^2\pi/4 = 0{,}0025\ m^3/s = 9{,}2\ m^3/h$$

$$U = 3\,U_{krit} = 42{,}4\ m/s,\ \dot{V} = 3\dot{V}_{krit} = 0{,}0076\ m^3/s = 27{,}5\ m^3/h$$

$$\Delta p = 10\ bar$$

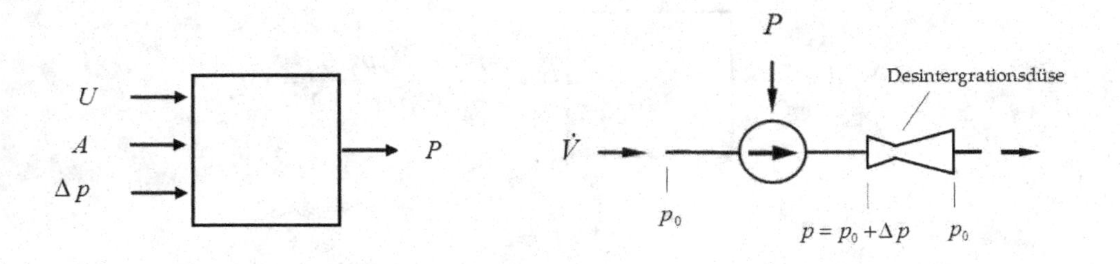

	P	Δp	U	A
L	2	1	1	2
M	1	1	0	0
T	−3	−2	−1	0

- Aus der Dimensionsmatrix kann unmittelbar

$$P = \Delta p\ U\ A = \Delta p\ \dot{V}$$

abgelesen und die Leistung zu

$$P = 7{,}6\ kW$$

berechnet werden.

- Mit dem aufgespannten Wirkraum der $L = 3D = 0{,}045m$ mit einem Volumen von $V = 0{,}00001\,m^3$

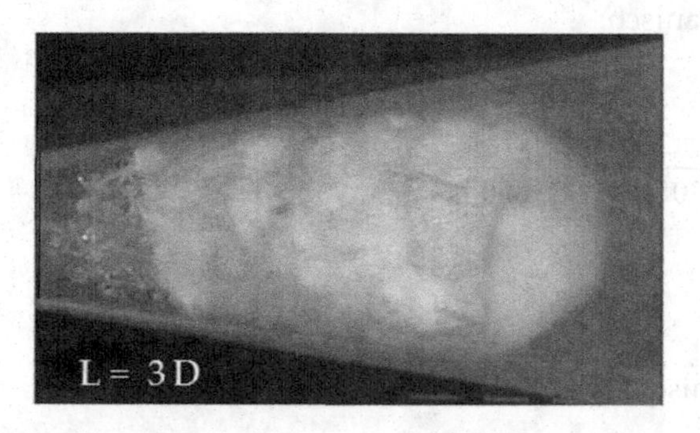

ergibt sich eine Leistung/Volumen von

$$P/V = 0{,}8 \cdot 10^6\,kW/m^3.$$

Aufgabe 12: Aufwindkraftwerk, Sekundärwindenergie

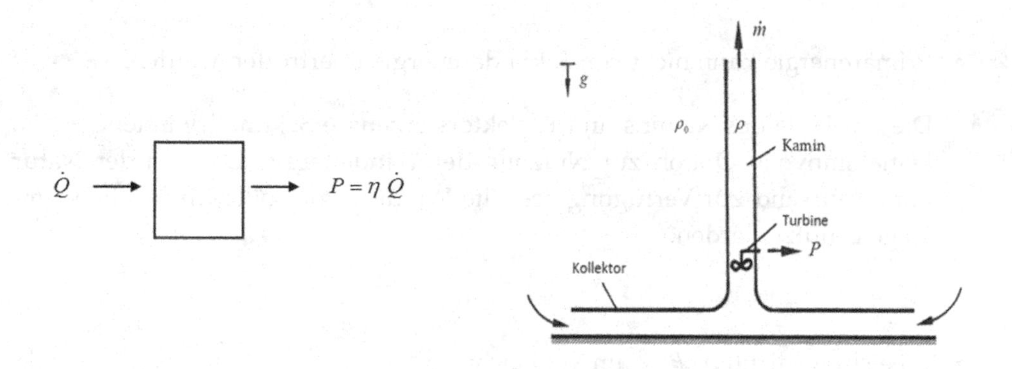

$$P = 200\,MW, \quad \dot{Q} = q_S\,A_K = 1\,\frac{kW}{m^2}\,38 \cdot 10^6\,m^2 = 38 \cdot 10^6\,kW$$

$$\rightarrow \quad \eta = \frac{P}{\dot{Q}} = \frac{200 \cdot 10^3 kW}{38 \cdot 10^6 \, kW} = 0{,}005$$

Leistungsdichte mechanisch:

$$\frac{P}{V} = \frac{P}{(D^2 \; \pi / 4) \; H} = \frac{200 \cdot 10^3 \, kW}{(130^2 m^2 \; \pi / 4) 1000 m} = 0{,}015 \; \frac{kW}{m^3}$$

Leistungsdichte thermisch:

$$\frac{\dot{Q}}{V} = \frac{\dot{Q}}{(D^2 \; \pi / 4) \; H} = \frac{38 \cdot 10^6 \, kW}{(130^2 m^2 \; \pi / 4) 1000 m} = 2{,}9 \; \frac{kW}{m^3}$$

→ Luft wird signifikant erwärmt, aber nicht bewegt!

- Primärenergie kann nicht von Sekundärenergie übertroffen werden!

  Die mit Hilfe des Kamins und Kollektors erzeugte Sekundärwindenergie ist keine sinnvolle Option zur Nutzung der Windenergie. Die von der Natur ohne Aufwand zur Verfügung gestellte Windenergie sollte direkt ohne Umwege genutzt werden.

- Leistungsdichten P/V im Vergleich:

Trinity-Atombombe	$13 \cdot 10^6 \; kW/m^3$
Desintegration	$0{,}8 \cdot 10^6 \; kW/m^3$
Aufwindkraftwerk	$0{,}015 \; kW/m^3$

Aufgabe 13: Sanduhr

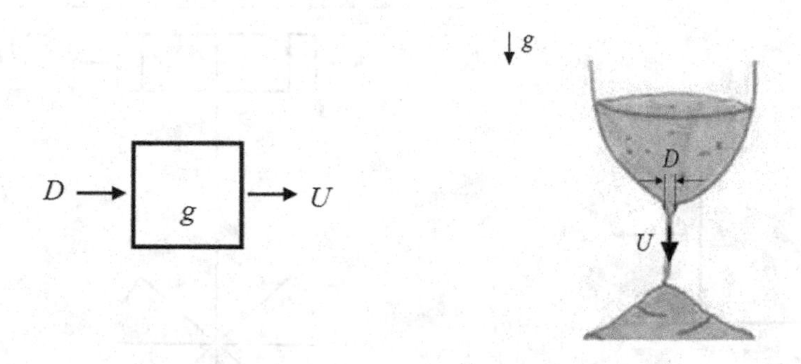

	U	D	g
L	1	1	1
M	0	0	0
T	−1	0	−2

$$\frac{D}{D^*} = 1 = \Pi_1 \longrightarrow \boxed{g} \longrightarrow \frac{U}{U^*} = \frac{U}{\sqrt{g\,H}} = \Pi_0$$

Π -Theorem: $$\Pi_0 = \frac{U}{\sqrt{g\,H}} = G(\Pi_1 = 1)\;K$$

Experiment: $K = 1$ $\rightarrow$ $U = \sqrt{g\;D}$

- Das Ausfließen des Sandes ist unabhängig von der Füllhöhe.

Aufgabe 14: Rührer unter Wasseroberfläche

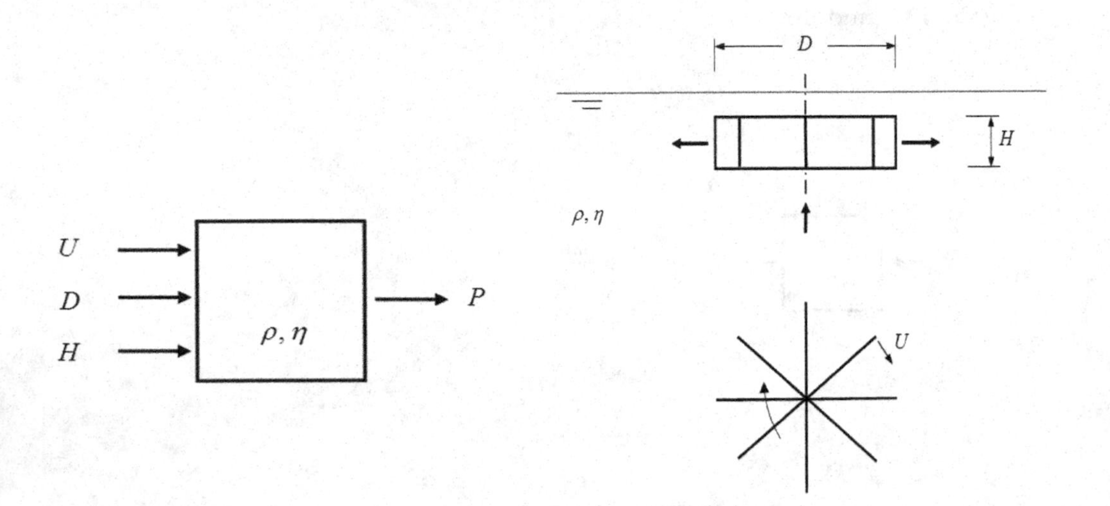

	P	U	D	H	ρ	η
L	2	1	1	1	-3	-1
M	1	0	0	0	1	1
T	-3	-1	0	0	0	-1

$U/U^* = U/(\eta/\rho)/D = \Pi_1$ →

$D/D^* = D/D = 1 = \Pi_2$ →

$H/H^* = H/D = \Pi_3$ →

ρ, η

→ $P/P^* = P/(\rho U^3 D^2) = \Pi$

Π -Theorem: $$\Pi_0 = \frac{P}{\rho U_3 D^2} = G(\Pi_1 = \frac{UD}{\eta/\rho}, \Pi_2 = 1, \Pi_3 = \frac{H}{D})$$

$$\rightarrow \; P = \rho U^3 D^2 \widetilde{G}(\mathrm{Re},\; H/D)$$

H/D: fest $$\rightarrow \; P = \rho U^3 D^2 \widetilde{G}(\mathrm{Re})$$

Aufgabe 15 : Naturumlauf, ein- und zweiphasig

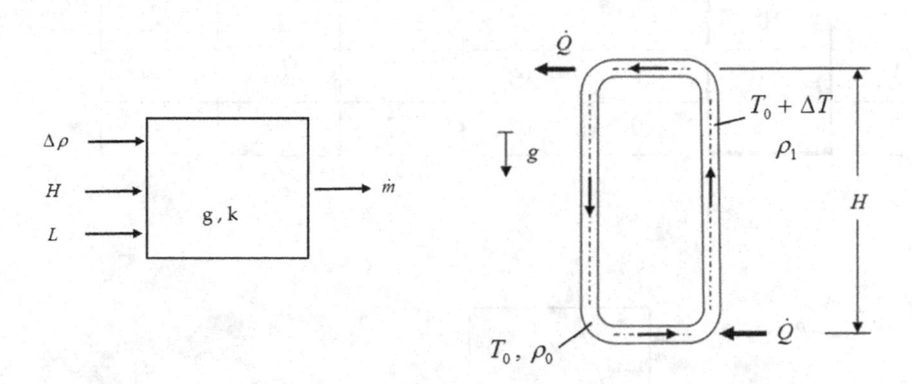

Strömung antreibende Dichtedifferenz: $\rho_0 - \rho_1 = \Delta\rho$
Im Schwerefeld sich frei einstellender Massenstrom: $\dot{m} = \rho\, U\, A$
Kreislauf: Durchmesser D, Querschnitt $A = D^2\pi/4$
Reynolds-Zahl: $\mathrm{Re} = U\, D/(\eta/\rho) < \mathrm{Re}_{krit} \rightarrow$ schleichende Strömung
Antriebs-Volumenkraft: $\Delta\, p_A = g\,(\rho_0 - \rho_1)\,H$
Widerstands-Volumenkraft: $\Delta\, p_W = k\, L\dot{m}$, [19]

$$\Delta\, p_W = \lambda(\mathrm{Re})\,\frac{L}{D}\,\frac{\rho}{2}U^2,\ \lambda(\mathrm{Re}) = \frac{64}{\mathrm{Re}}:\ \text{schleichend, laminar}$$

$$\Delta\, p_W = \frac{128}{\pi}\nu_0\,\frac{L}{D^4}\,\dot{m} = k\ L\ \dot{m}$$

$$k = \frac{128}{\pi}\nu_0\,\frac{1}{D^4}\ :\ \text{Widerstandskoeffizient}$$

$$\dim k = L^{-2}\, M^0\, T^{-1}$$

	$\dot{m}$	$\Delta\rho$	H	g	L	k
L	0	−3	1	1	1	−2
M	1	1	0	0	0	0
T	−1	0	0	−2	0	−1

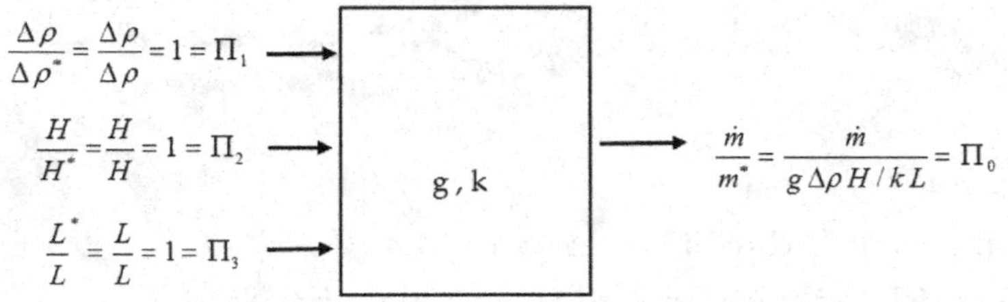

$$\frac{\Delta\rho}{\Delta\rho^*} = \frac{\Delta\rho}{\Delta\rho} = 1 = \Pi_1 \longrightarrow$$

$$\frac{H}{H^*} = \frac{H}{H} = 1 = \Pi_2 \longrightarrow$$

$$\frac{L^*}{L} = \frac{L}{L} = 1 = \Pi_3 \longrightarrow$$

g, k

$$\longrightarrow \frac{\dot{m}}{\dot{m}^*} = \frac{\dot{m}}{g\,\Delta\rho\, H / k\, L} = \Pi_0$$

Π -Theorem: $$\Pi_0 = \frac{\dot{m}}{g\,\Delta\rho\, H / k\, L} = G(\Pi_1 = 1, \Pi_2 = 1, \Pi_3 = 1) = K$$

$$\rightarrow \quad \dot{m} = K\,\frac{g\,\Delta\rho\, H}{k\, L}$$

Experiment: $K = 1$ $$\rightarrow \quad \dot{m} = \frac{g\,\Delta\rho\, H}{k\, L} = \frac{g\,(\rho_0 - \rho_1)\, H}{k\, L}$$

- Verknüpfung $\dot{Q}$, $\dot{m}$ (Abschn. 3.8): $\dot{Q} = \dot{m}\, c\, \Delta T$

Schwache Aufheizung, geringe Dichteänderung: $\beta_0\, \Delta T = \Delta\rho / \rho_0 << 1$, [19]

$$\rightarrow \quad \dot{m}^2 = \frac{\beta_0\, \rho_0\, g\, H}{c\, k\, L}\,\dot{Q}$$

- Übertragung der einphasigen Ergebnisse auf zweiphasigen Naturumlauf:

$$\rho' - \rho'' = \Delta\rho , \qquad \dot{Q} = \dot{m}\, r$$

Verdampfungswärme r

Siedendes Wasser , Dampfgehalt $x = 0$, Wasserdichte ρ'

Dampf bei Siedetemperatur, Dampfgehalt $x = 1$, Dampfdichte ρ''

Widerstandskoeffizient Dampfströmung k_D

Widerstandskoeffizient Wasserströmung k_W

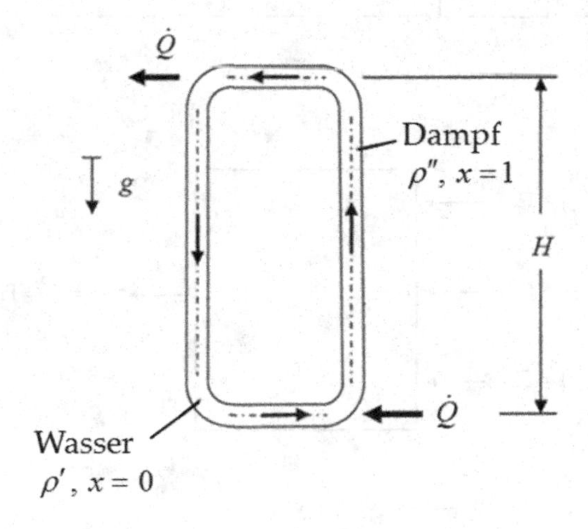

$$\rightarrow \; \dot{m} = \frac{g\,(\rho' - \rho'')\,H}{(k_W + k_D)\,L/2} \; , \qquad \dot{Q} = \dot{m}\, r$$

Aufgabe 16: Mittig belasteter Balken

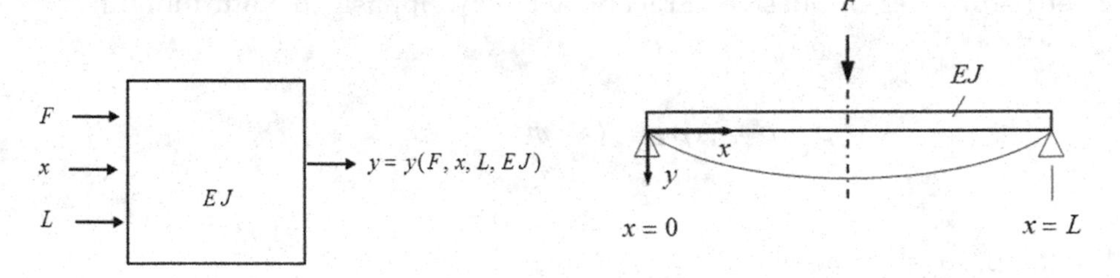

	y	*F*	*x*	*L*	*E J*
L	1	1	1	1	3
M	0	1	0	0	1
T	0	−2	0	0	−2

$$\frac{F}{F^*} = \frac{F}{EJ/L^2} = \Pi_1 \longrightarrow$$

$$\frac{x}{x^*} = \frac{x}{L} = \Pi_2 \longrightarrow$$

$$\frac{L}{L^*} = \frac{L}{L} = 1 = \Pi_3 \longrightarrow$$

EJ

$$\longrightarrow \frac{y}{y^*} = \frac{y}{L} = \Pi_0$$

Π-Theorem: $\quad \Pi_0 = \dfrac{y}{L} = G(\Pi_1 = \dfrac{F L^2}{EJ}, \Pi_2 = \dfrac{x}{L}, \Pi_3 = 1)$

$$\frac{y}{L} = G(\Pi_1 = \frac{F L^2}{EJ}, \Pi_2 = \frac{x}{L})$$

Ausschöpfung:

$$\frac{y}{L} = G(\Pi_1 = \frac{F L^2}{E J}, \Pi_2 = \frac{x}{L})$$

Entwicklung um belastungsfreien Zustand: $F = 0 \rightarrow y = 0$

$$\frac{y}{L} = G(0, \frac{x}{L}) + G'(0, \frac{x}{L})\frac{FL^2}{EJ} + \frac{1}{2!}G''(0, \frac{x}{L})(\frac{FL^2}{EJ})^2 + \frac{1}{3!}G'''(0, \frac{x}{L})(\frac{FL^2}{EJ})^3 + \ldots.$$

$$\rightarrow \quad G(0, \frac{x}{L}) = 0$$

$F \rightarrow -F \qquad y \rightarrow -y \qquad$ nur ungerade Glieder

$$\rightarrow \quad \frac{y}{L} = G'(0, \frac{x}{L})\frac{FL^2}{EJ} + \frac{1}{3!}G'''(0, \frac{x}{L})(\frac{FL^2}{EJ})^3 + \ldots$$

Schwache Belastung, kleine Verformung $\quad \rightarrow \quad y \sim F$

$$\frac{y}{L} = \frac{FL^2}{EJ}\, g(\frac{x}{L}) \qquad \text{mit} \quad g(\frac{x}{L}) = G'(0, \frac{x}{L})$$

Verhalten um $x/L = 0$

$$g(\frac{x}{L}) = g(0) + g'(0)\,\frac{x}{L} + \frac{1}{2!}g''(0)(\frac{x}{L})^2 + \frac{1}{3!}g'''(0)(\frac{x}{L})^3 + \ldots$$

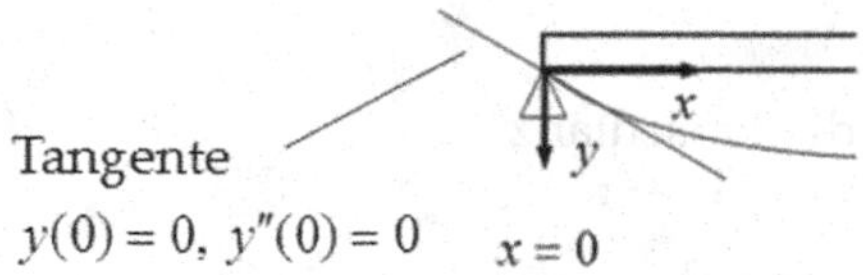

RB: $y(0) = 0 \;\rightarrow\; g(0) = 0$

$$\rightarrow \quad g(\frac{x}{L}) = g'(0)\,\frac{x}{L} + \frac{1}{2!}g''(0)(\frac{x}{L})^2 + \frac{1}{3!}g'''(0)\,(\frac{x}{L})^3 + \ldots$$

RB: $y''(0) = 0 \;\rightarrow\; g''(0) = 0$ Tangente, Krümmungskreis

$$g\left(\frac{x}{L}\right) = g'(0)\,\frac{x}{L} + \frac{1}{3!}\,g'''(0)\left(\frac{x}{L}\right)^3 + \ldots$$

Balkenmitte: $y'(L/2) = 0 \;\rightarrow\; g'(1/2) = 0$

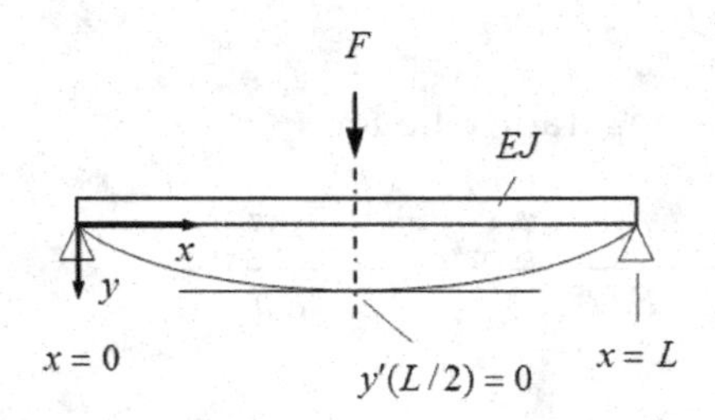

$$g'\left(\frac{x}{L}\right) = g'(0) + \frac{1}{2}\,g'''(0)\left(\frac{x}{L}\right)^2 + \ldots$$

$$\rightarrow\quad g'\left(\frac{1}{2}\right) = g'(0) + \frac{1}{2}\,g'''(0)\left(\frac{1}{2}\right)^2 + \ldots = 0$$

In der gröbster Näherung gilt

$$g'''(0) = -8\,g'(0)$$

so dass für die Durchbiegung die Präsentanz

$$y = \frac{FL^3}{EJ}\,g\left(\frac{x}{L}\right) = \frac{FL^3}{EJ}\,g'(0)\left[\frac{x}{L} - \frac{4}{3}\left(\frac{x}{L}\right)^3\right]$$

angeschrieben werden. Die Konstante $g'(0)$ kann experimentell bestimmt werden, die in der Technischen Mechanik mit dem Zahlenwert 1/32 angegeben wird.

Die Kenntnis der Biegesteifigkeit EJ vereinfacht die Betrachtungen, ist aber nicht zwingend erforderlich. Die Betrachtungen können auch ohne Kenntnis des Flächenträgheitsmoments J und der Biegesteifigkeit EJ durchgeführt werden. Wie in Abschn. 4.6.2 bereits gezeigt, liefert die Π-Theorem Methodik die Biegesteifigkeit EJ als Ergebnis.

Aufgabe 17: Balken mit Randmoment

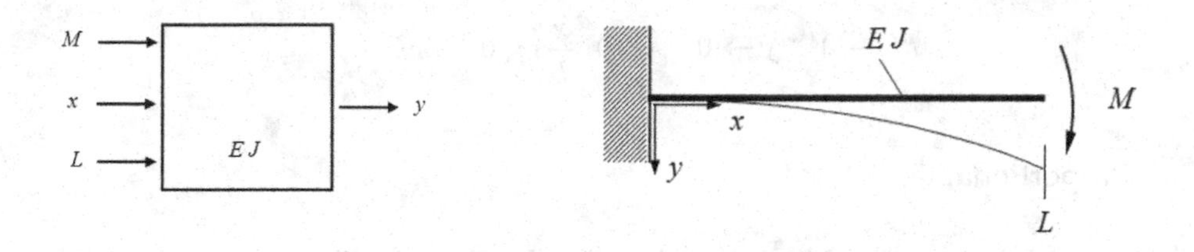

	y	M	x	L	EJ
L	1	2	1	1	3
M	0	1	0	0	1
T	0	− 2	0	0	− 2

$$\frac{M}{M^*} = \frac{M}{EJ/L} = \Pi_1 \longrightarrow$$

$$\frac{x}{x^*} = \frac{x}{L} = \Pi_2 \longrightarrow \quad EJ \quad \longrightarrow \frac{y}{y^*} = \frac{y}{L} = \Pi_0$$

$$\frac{L}{L^*} = \frac{L}{L} = 1 = \Pi_3 \longrightarrow$$

Π - Theorem: $\Pi_0 = \dfrac{y}{L} = G(\Pi_1 = \dfrac{M}{EJ/L}, \Pi_2 = \dfrac{x}{L}, \Pi_3 = 1)$

$$\rightarrow \frac{y}{L} = \widetilde{G}\left(\frac{M}{EJ/L}, \frac{x}{L}\right)$$

Entwickelung um belastungsfreien Zustand

$$\frac{y}{L} = \widetilde{G}(0, \frac{x}{L}) + \widetilde{G}'(0, \frac{x}{L}) \frac{M}{EJ/L} + \ldots$$

$$M \rightarrow 0 \quad y \rightarrow 0 \quad \widetilde{G}(0, \frac{x}{L}) = 0$$

Proportionalität

$y \sim M, \qquad \alpha y \sim \alpha M \quad \rightarrow$ 1. nichttrivialer Term ist linear

$$\frac{y}{L} = \frac{ML}{EJ} g(\frac{x}{L})$$

Weitere Zusatzinformationen zum Ausschöpfen

RB: $y(0) = 0 \quad \rightarrow g(0) = 0$ Festpunkt

$y'(0) = 0 \quad \rightarrow g'(0) = 0$ Einspannung

Entwicklung um Einspannstelle $x = 0$

$$\xi = \frac{x}{L}: \qquad g(\xi) = g(\frac{x}{L})$$

$$g(\xi) = g(0) + g'(0) \frac{x}{L} + \frac{1}{2} g''(0) (\frac{x}{L})^2 + \ldots$$

$$\xi = 0: \qquad g(0) = 0\,, \; g'(0) = 0$$

$$\frac{1}{2} g''(0) = K$$

$$y = K \frac{M L^2}{E J} \left(\frac{x}{L}\right)^2$$

Experiment: $K = 1/2$ $\rightarrow$ $y = \dfrac{M L^2}{E J} \left(\dfrac{x}{L}\right)^2$

Aufgabe 18: Knickstab

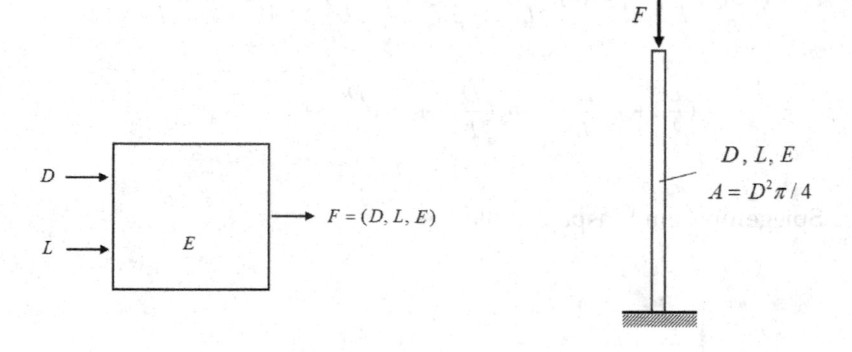

	F	D	L	E
L	1	1	1	−1
M	1	0	0	1
T	−2	0	0	−2

$$\frac{D}{D^*} = \frac{D}{L} = \Pi_1 \longrightarrow$$

$$\frac{L}{L^*} = \frac{L}{L} = 1 = \Pi_2 \longrightarrow$$

$$E$$

$$\longrightarrow \frac{F}{F^*} = \frac{F}{E L^2} = \Pi_0$$

Π - Theorem: $$\Pi_0 = \frac{F}{E L^2} = G(\Pi_1 = \frac{D}{L}, \Pi_2 = 1)$$

$$\rightarrow \quad F = E L^2 \; g(D/L)$$

Ausschöpfung:

schlank $D/L << 1$

$$\frac{F}{E L^2} = g(0) + g'(0)\frac{D}{L} + \frac{1}{2!} g''(0) \, (\frac{D}{L})^2 + \frac{1}{3!} g'''(0)(\frac{D}{L})^3 + \frac{1}{4!} g^{IV}(0)(\frac{D}{L})^4 + \ldots$$

$$= a_0 + a_1 (\frac{D}{L}) + a_2 (\frac{D}{L})^2 + a_3 (\frac{D}{L})^3 + a_4 (\frac{D}{L})^4 + \ldots$$

Symmetrie: Spiegelung um Einspannstelle

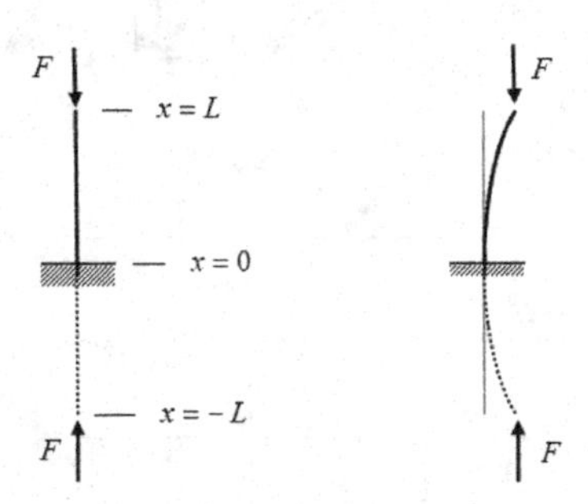

$F(D/L) = F(D/-L)$ alle ungeraden Glieder entfallen

$$\frac{F}{E L^2} = a_2 (\frac{D}{L})^2 + a_4 (\frac{D}{L})^4 + ...$$

Gröbstes Glied: $\frac{F}{E L^2} = a_2 (\frac{D}{L})^2 \quad \rightarrow \quad F = a_2 \; E D^2$

enthält L nicht $\rightarrow$ $a_2 = 0$

$\rightarrow$ nächst höheres Glied von Einfluss

$$\frac{F}{E L^2} = a_4 \; (\frac{D}{L})^4 + ...$$

$$\rightarrow \; F = a_4 \; E L^2 \; (D / L)^4 = a_4 \; E D^4 / L^2 = F(L, D, E)$$

$\rightarrow$ 1. nichttriviales Glied der Entwicklung ist von 4. Potenz und enthält alle Einflussgrößen !

- Knickkraft $F = F_K$

$$F_K = a_4 \; E \; \frac{D^4}{L^2} = \widetilde{a}_4 \; \frac{E J}{(2 \, L)^2} \quad \text{mit Messwert } \widetilde{a}_4 = 4 \; a_4 \; \frac{D^4}{J}$$

- Technische Mechanik $\quad F_K = E J \; (\frac{\pi}{2 L})^2$

mit $\widetilde{a}_4 = \pi^2 , \; J = \frac{\pi}{64} D^4$

Schlanker Stab mit $\lambda = L / D >> 1 \quad \rightarrow$ elastisches Ausknicken

Knickspannung $\quad \sigma_K = \frac{F_K}{A} = E J (\frac{\pi}{2 L})^2 \frac{4}{D^2 \pi} = E \frac{\pi}{64} D^4 (\frac{\pi}{2 L})^2 \frac{4}{D^2 \pi}$

$$\sigma_K \sim (\frac{D}{L})^2 = \frac{1}{\lambda^2}$$

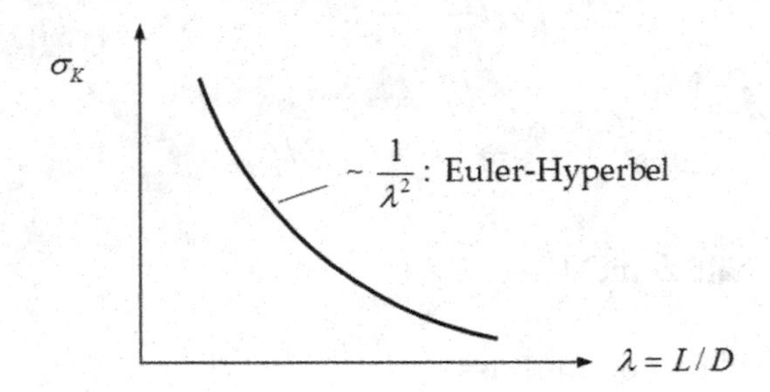

Nicht-schlanker Stab mit $\lambda = L/D << 1$ $\rightarrow$ kein Ausknicken, es sind nur Druckspannungen $\sigma_D \leq \sigma_{DF}$ zu ertragen

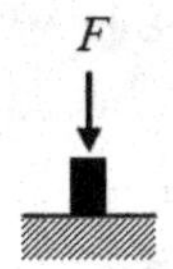

$$\sigma_D = \frac{F}{A} = \frac{F}{D^2\pi/4} \leq \sigma_{DF}$$

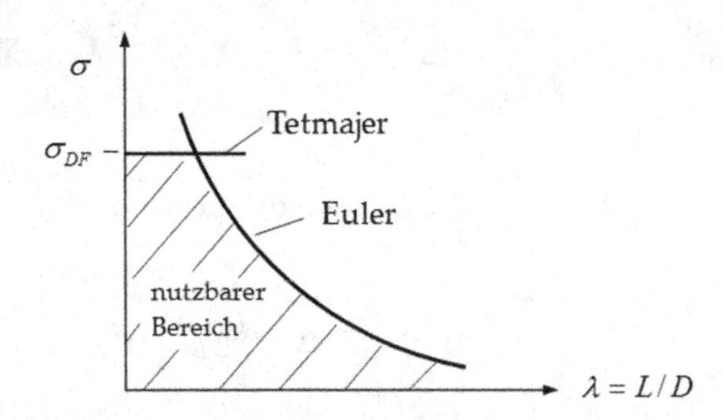

- Asymptoten $\lambda >> 1$: Euler

  $\lambda << 1$: Tetmajer

- Abschätzung möglicher Baumhöhen H

$$F_K = G = M\,g = \rho\,A\,H = E\,J\,(\frac{\pi}{2\,H})^2, \quad J = \frac{\pi}{64}\,D^4$$

$$\rightarrow \quad H^3 = \frac{\pi}{64}\,\frac{E}{\rho}\,\frac{D^2}{g} \;\sim\; \frac{E}{\rho}$$

- Die charakteristischen Materialwerte E/ρ (spezifischer E-Modul) sind für Holz günstiger als für Metalle.

Aufgabe 19: Mittlere statistische Längenänderung $L = \sqrt{x}\,L_0$

Dimensionsmatrix

	x	ρ	T	μ	M	k_A	k_B
L	0	−3	0	−1	0	0	2
M	0	1	0	1	1	0	1
T	0	0	0	−2	0	0	−2
Θ	0	0	1	0	0	0	−1
N	0	0	0	0	−1	−1	0

$$\Rightarrow \quad \dim x = \dim\,(L/L_0)^2 = 1$$

	x	ρ	T	μ	M	k_A	k_B
L	0	−3	0	−1	0	0	2
M	0	1	0	1	1	0	1
T	0	0	0	−2	0	0	−2
Θ	0	0	1	0	0	0	−1
N	0	0	0	0	−1	−1	0

$$N: \;\rightarrow \frac{k_A}{M} \quad mit \;\; mol^0 = 1$$

	x	ρ	T	μ	M	k_A	k_B
L	0	−3	0	−1	0	0	2
M	0	1	0	1	1	0	1
T	0	0	0	−2	0	0	−2
Θ	0	0	1	0	0	0	−1
N	0	0	0	0	−1	−1	0

$\Theta: \rightarrow k_B T \;\; mit \;\; K^0 = 1$

	x	ρ	T	μ	M	k_A	k_B
L	0	−3	0	−1	0	0	2
M	0	1	0	1	1	0	1
T	0	0	0	−2	0	0	−2
Θ	0	0	1	0	0	0	−1
N	0	0	0	0	−1	−1	0

$T: \rightarrow \frac{k_B}{\mu} \;\; mit \;\; s^0 = 1$

	x	ρ	T	μ	M	k_A	k_B
L	0	−3	0	−1	0	0	2
M	0	1	0	1	1	0	1
T	0	0	0	−2	0	0	−2
Θ	0	0	1	0	0	0	−1
N	0	0	0	0	−1	−1	0

$M: \rightarrow \rho \frac{k_B}{\mu} \frac{1}{M} \;\; mit \;\; kg^0 = 1$

	x	ρ	T	μ	M	k_A	k_B
L	0	−3	0	−1	0	0	2
M	0	1	0	1	1	0	1
T	0	0	0	−2	0	0	−2
Θ	0	0	1	0	0	0	−1
N	0	0	0	0	−1	−1	0

$L: \rightarrow \rho \frac{k_B}{\mu} \;\; mit \;\; m^0 = 1$

Damit ist gezeigt, dass der Zusammenhang

$$x = \frac{k_A \, \rho \, k_B \, T}{\mu \, M} \quad : \quad \frac{kg}{mol} \frac{kg}{m^3} \frac{m^2 kg}{s^2 \, K} K \frac{m \, s^2}{kg} \frac{mol}{kg} = 1$$

die Dimensionshomogenität erfüllt.

Aufgabe 20: Wärmeübertagung

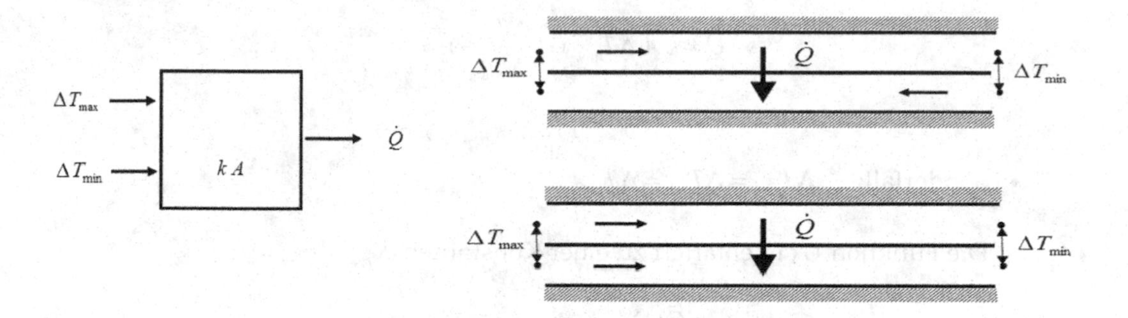

Der unvollständige Datensatz mit den Einflussgrößen ΔT_{max}, ΔT_{min} ist mit einer materialspezifischen Größe zu vervollständigen, deren Dimension aus der unvollständigen Matrix mit $L^2 M T^{-3} \Theta^{-1}$ abgelesen werden kann, die in der Wärmetechnik als kA-Wert bekannt ist. Dann steht eine repräsentive Größe $\dot{Q}^* = k\,A\,\Delta T_{min}$ zur Entdinmensionierung der zu übertragenden Wärmeleistung $\dot{Q}$ zur Verfügung

	$\dot{Q}$	ΔT_{max}	ΔT_{min}	$k\,A$
L	2	0	0	2
M	1	0	0	1
T	−3	0	0	−3
Θ	0	1	1	−1

so dass sich das System dimensionsfrei darstellen lässt und das Π-Theorem angewendet werde kann.

$$\frac{\Delta T_{max}}{\Delta T^*_{max}} = \frac{\Delta T_{max}}{\Delta T_{min}} = \Pi_1 \rightarrow$$

$$\frac{\Delta T_{min}}{\Delta T^*_{min}} = \frac{\Delta T_{min}}{\Delta T_{min}} = 1 = \Pi_2 \rightarrow$$

$k\,A$

$$\rightarrow \frac{\dot{Q}}{\dot{Q}^*} = \frac{\dot{Q}}{k\,A\,\Delta T_{min}} = \Pi_0$$

Π -Theorem:
$$\Pi_0 = \frac{\dot{Q}}{k\,A\,\Delta T_{min}} = G(\Pi_1 = \frac{\Delta T_{max}}{\Delta T_{min}}, \Pi_2 = 1)$$

$$\rightarrow \; \dot{Q} = k\,A\,\Delta T_{min}\; \widetilde{G}(\frac{\Delta T_{max}}{\Delta T_{min}})$$

- Sonderfall: $\Delta T_{max} = \Delta T_{min} = \Delta T$

  Die Funktion $\widetilde{G}(1)$ entartert zu einer Konstanten K

$$\widetilde{G}(1) = K$$

  die mit einem einzigen Experiment zu $K = 1$ bestimmt wird, so dass als Präsentanz

$$\dot{Q} = k\,A\,\Delta T$$

  angegeben werden kann.

- Für $\Delta T_{max} / \Delta T_{min} > 1$ ist die Funktion $\widetilde{G}(\Delta T_{max} / \Delta T_{min})$ mit einer Messreihe zu beschaffen

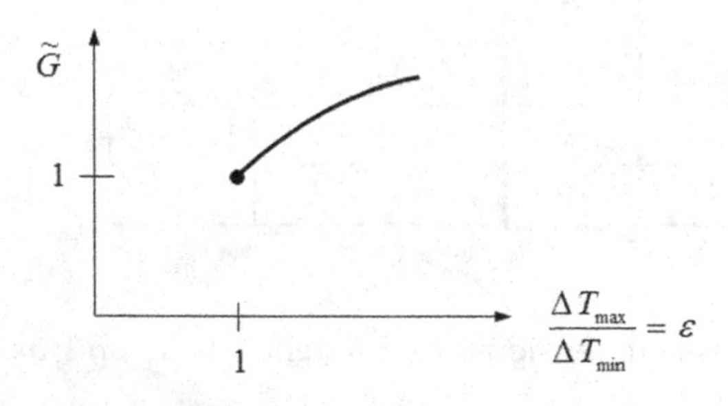

die auch als Taylorentwicklung um $\Delta T_{max} / \Delta T_{min} = 1$

$$\tilde{G}\left(\frac{\Delta T_{max}}{\Delta T_{min}}\right) = \tilde{G}(1) + \tilde{G}'(1)\left(\frac{\Delta T_{max}}{\Delta T_{min}} - 1\right) + \frac{1}{2}\tilde{G}''(1)\left(\frac{\Delta T_{max}}{\Delta T_{min}} - 1\right)^2 + \ldots$$

dargestellt werden kann, die in der Wärmetechnik als mittlere logarithmische Temperaturdifferenz

$$\tilde{G} = \frac{\frac{\Delta T_{max}}{\Delta T_{min}} - 1}{\ln \frac{\Delta T_{max}}{\Delta T_{min}}} = \frac{\varepsilon - 1}{\ln \varepsilon}$$

bekannt ist.

• Im Sonderfall $\Delta T_{max} = \Delta T_{min} = \Delta T$ nimmt die logarithmische Temperaturdiffrenz zunächst die unbestimmte Form $0/0$ an, die aber mathematisch durch Differenzieren sowohl des Zählers als auch des Nenners und erneutem Grenzübergang bestimmt gemacht werden kann:

$$\lim_{\varepsilon \to 1} \frac{\varepsilon - 1}{\ln \varepsilon} = \lim_{\varepsilon \to 1} \frac{(\varepsilon - 1)'}{(\ln \varepsilon)'} = \lim_{\varepsilon \to 1} \frac{1}{1/\varepsilon} = \lim_{\varepsilon \to 1} \varepsilon = 1$$

Das erste Entwicklungsglied $\tilde{G}(1) = 1$ der Taylorentwicklung ist somit in exakter Übereinstimmung mit der logarithmischen Temperaturdifferenz.

11 Ergänzende und weiterführende Literatur

[1] Görtler, H. : Dimensionsanalyse.
Berlin, Heidelberg, New York: Springer 1975

[2] Bridgman, P. W. : Dimensional Analysis.
New Haven, London: Yale University Press 1920

[3] Sedov, L. I. : Similarity and Dimensional Methods in Mechanics.
New York, London: Academic Press 1959

[4] Langhaar, H. L. : Dimensional Analysis and Theory of Models.
New York, London: Wiley/Chapman 1964

[5] Pawlowsky, J.: Die Ähnlichkeitstheorie in der physikalisch-technischen Forschung. Berlin, Heidelberg, New York: Springer 1971

[6] Zlokarnik, M. : Scale-up. Modellübertragung in der Verfahrenstechnik.
Weinheim: Wiley-VCH 2006

[7] Zierep, J. : Ähnlichkeitsgesetze und Modellregeln der Strömungslehre.
Karlsruhe: Braun 1972

[8] Taylor, E. S. : Dimensional Analysis for Engineers.
Oxford: Clarendon Press 1974

[9] Spurk, J. H. : Dimensionsanalyse in der Strömungslehre.
Berlin, Heidelberg, New York: Springer 1992

[10] Nachtigall, W. : Biomechanik.
Braunschweig, Wiesbaden : Vieweg 2000

[11] Rodewald, B. / Schlichtung, J. : Springen, Gehen, Laufen. Praxis der Naturwissenschaften-Physik 37/5 (1988) S. 12-14

[12] Einstein, A.: Über einen die Erzeugung und Verwandlung des Lichts betreffenden heuristischen Gesichtspunkt. Annalen der Physik. 17, 1905, S. 132–148

[13] Einstein, A. / Infeld, L. : Die Evolution der Physik. Augsburg: Weltbild Verlag 1991

[14] Unger, J. : Desintegration - Ein Verfahren das Energie zugleich einspart und liefert. Querschnitt Nr. 21, HDA, Februar 2007

[15] Unger, J. : Aufwindkraftwerke contra Photovoltaik. BWK Bd. 43, Nr. 718, Juli/August 1991

[16] Gue'henno , J.-M. : Das Ende der Demokratie. München: Artemis & Winkler Verlag 1994

[17] Unger, J. / Hurtado, A. : Energie, Ökologie und Unvernunft. Wiesbaden: Springer 2013

[18] Unger, J. / Hurtado, A. : Alternative Energietechnik. Wiesbaden: Springer 2014

[19] Unger, J. : Konvektionsströmungen. Stuttgart: Teubner 1988

Sachverzeichnis

Printed in the United States
By Bookmasters